公務員入職

基本法測試

熱門試題王

ong Sir 著

記憶法 ＋ 基本法 ＝ 輕鬆學習 0 難度
3份考模擬考卷 熱門試題 密集操練

序言

未來數年，退休公務員的人數將持續增加，到2023年更是公務員的退休高峰期。每年政府均透過CRE公務員綜合招聘考試來招募人才，為市民提供優質服務。有志加入政府公務員團隊的人士，是時候作好準備，增加獲聘的機會。

公務員綜合招聘考試包括三份45分鐘的試卷，分為「中文運用」、「英文運用」和「能力傾向測試」。此外還有一份「基本法測試」試卷，該卷旨在了解應徵者對《基本法》（包括附件及夾附的資料）的認識，成績會用作評核應徵者整體表現的考慮因素之一。

「基本法測試」全卷共15題，考生需在20分鐘內完成。基本法測試並無設定及格分數，滿分為100分，成績永久有效，可用於申請學位或專業程度的公務員職位，佔其整體表現的一個適當比重。

答題時間的分配，可謂通過考核的要素。通過本書的熱門試題模擬測試，考生可了解自己的強弱所在，以作針對性的部署。

《基本法》條文繁多、涵蓋的範圍甚廣，要熟記當中的條文絕不容易。有見及此，本書首創將記憶法引入「《基本法》測試」的備考工具。透過生活化的例子，教大家如何將資料輕鬆記下《基本法》的條文。當中所引用的例子類型不拘一格，形式貼近生活。

本書亦詳列《基本法》條文，以便考生隨時翻閱，溫故知新，助你一舉考入公務員行列。

目錄

目錄

CHAPTER FOUR
《基本法》條文內容

CRE簡介

認識公務員綜合招聘考試

公務員綜合招聘考試(CRE)
科目包括:

- 英文運用
- 中文運用
- 能力傾向測試
- 《基本法》知識測試

入職要求

- 應徵學位或專業程度公務員職位者，須在綜合招聘考試的英文運用及中文運用兩張試卷取得二級或一級成績，以符合有關職位的一般語文能力要求。

- 個別進行招聘的政府部門/職系會於招聘廣告中列明有關職位在英文運用及中文運用試卷所需的成績。

- 在英文運用及中文運用試卷取得二級成績的應徵者，會被視為已符合所有學位或專業程度職系的一般語文能力要求。

- 部分學位或專業程度公務員職位要求應徵者除具備英文運用及中文運用試卷的所需成績外，亦須在能力傾向測試中取得及格成績。

考試模式

I. 英文運用

考試模式：

全卷共40題選擇題，限時45分鐘

試題類型：

- Comprehension
- Error Identification
- Sentence Completion
- Paragraph Improvement

評分標準：

成績分為二級、一級及格或不及格，二級為最高等級

擁有以下資歷者可等同獲CRE英文運用考試的二級成績，並可豁免考試：

- 香港中學文憑考試英國語文科5級或以上成績
- 香港高級程度會考英語運用科或 General Certificate of Educa-

tion (Advanced Level) (GCE ALevel) English Language科C
級或以上成績

- 在International English Language Testing System(IELTS)學術模式整體分級取得6.5或以上，並在同一次考試中各項個別分級取得不低於6的人士，在考試成績的兩年有效期內，其IELTS成績可獲接納為等同綜合招聘考試英文運用試卷的二級成績。

擁有以下資歷者可等同獲CRE英文運用考試的一級成績：

- 香港中學文憑考試英國語文科4級成績
- 香港高級程度會考英語運用科或GCE ALevel English Language科D級成績

* 備註：持有上述成績者，可因應有意投考的公務員職位的要求，決定是否需要報考英文運用試卷。

II. 中文運用

考試模式：

全卷共45題選擇題，限時45分鐘

試題類型：

- 閱讀理解
- 字詞辨識
- 句子辨析
- 詞句運用

評分標準：

成績分為二級、一級或不及格，二級為最高等級

擁有以下資歷者可等同獲CRE中文運用考試的二級成績，並可豁免考試：

- 香港中學文憑考試中國語文科5級或以上成績
- 香港高級程度會考中國語文及文化、中國語言文學或中國語文科C級或以上成績

擁有以下資歷者可等同獲CRE中文運用考試的一級成績：

- 香港中學文憑考試中國語文科4級成績
- 香港高級程度會考中國語文及文化、中國語言文學或中國語文科D級成績

*備註：持有上述成績者，可因應有意投考的公務員職位的要求，決定是否需要報考中文運用試卷。

III. 能力傾向測試

考試模式：

全卷共35題選擇題，限時45分鐘

試題類型：

- 演繹推理
- Verbal Reasoning (English)
- Numerical Reasoning

公務員入職　**基本法測試**熱門試題王

- Data Sufficiency Test
- Interpretation of Tables and Graphs

評分標準：

成績分為及格或不及格

IV.《基本法》知識測試

考試模式：

全卷共15題選擇題，限時20分鐘

評分標準：

無及格標準，測試應徵者對《基本法》（包括所有附件及夾附的資料）的認識。成績會在整體表現中佔適當比重，但不會影響其申請公務員職位的資格。

公務員職系要求全面睇

	職系	入職職級	英文運用	中文運用	能力傾向測試
1	會計主任	二級會計主任	二級	二級	及格
2	政務主任	政務主任	二級	二級	及格
3	農業主任	助理農業主任/ 農業主任	一級	一級	及格
4	系統分析/ 程序編製主任	二級系統分析/ 程序編製主任	二級	二級	及格
5	建築師	助理建築師/ 建築師	一級	一級	及格
6	政府檔案處主任	政府檔案處助理主任	二級	二級	-
7	評稅主任	助理評稅主任	二級	二級	及格
8	審計師	審計師	二級	二級	及格
9	屋宇裝備工程師	助理屋宇裝備工程師/ 屋宇裝備工程師	一級	一級	及格
10	屋宇測量師	助理屋宇測量師/ 屋宇測量師	一級	一級	及格
11	製圖師	助理製圖師/ 製圖師	一級	一級	-
12	化驗師	化驗師	一級	一級	及格
13	臨床心理學家（衛生署、入境事務處）	臨床心理學家（衛生署、入境事務處）	一級	一級	-
14	臨床心理學家（懲教署、香港警務處）	臨床心理學家（懲教署、香港警務處）	二級	二級	-
15	臨床心理學家（社會福利署）	臨床心理學家（社會福利署）	二級	二級	及格
16	法庭傳譯主任	法庭二級傳譯主任	二級	二級	及格
17	館長	二級助理館長	二級	二級	-
18	牙科醫生	牙科醫生	一級	一級	
19	營養科主任	營養科主任	一級	一級	
20	經濟主任	經濟主任	二級	二級	
21	教育主任（懲教署）	助理教育主任（懲教署）	一級	一級	
22	教育主任（教育局、社會福利署）	助理教育主任（教育局、社會福利署）	二級	二級	
23	教育主任（行政）	助理教育主任（行政）	二級	二級	
24	機電工程師（機電工程署）	助理機電工程師/機電工程師（機電工程署）	一級	一級	及格
25	機電工程師（創新科技署）	助理機電工程師/機電工程師（創新科技署）	一級	一級	-

職系	入職職級	英文運用	中文運用	能力傾向測試
26 電機工程師（水務署）	助理電機工程師/ 電機工程師（水務署）	一級	一級	及格
27 電子工程師（民航署、機電工程署）	助理電子工程師/ 電子工程師（民航署、機電工程署）	一級	一級	及格
28 電子工程師（創新科技署）	助理電子工程師/電子工程師（創新科技署）	一級	一級	-
29 工程師	助理工程師/ 工程師	一級	一級	及格
30 娛樂事務管理主任	娛樂事務管理主任	二級	二級	及格
31 環境保護主任	助理環境保護主任/ 環境保護主任	二級	二級	及格
32 產業測量師	助理產業測量師/ 產業測量師	一級	一級	-
33 審查主任	審查主任	二級	二級	及格
34 行政主任	二級行政主任	二級	二級	及格
35 學術主任	學術主任	一級	一級	-
36 漁業主任	助理漁業主任/ 漁業主任	一級	一級	及格
37 警察福利主任	警察助理福利主任	二級	二級	-
38 林務主任	助理林務主任/ 林務主任	一級	一級	及格
39 土力工程師	助理土力工程師/ 土力工程師	一級	一級	及格
40 政府律師	政府律師	二級	一級	-
41 政府車輛事務經理	政府車輛事務經理	一級	一級	-
42 院務主任	二級院務主任	二級	二級	及格
43 新聞主任(美術設計)/(攝影)	助理新聞主任（美術設計）/（攝影）	一級	一級	-
44 新聞主任（一般工作）	助理新聞主任（一般工作）	二級	二級	及格
45 破產管理主任	二級破產管理主任	二級	二級	及格
46 督學（學位）	助理督學（學位）	二級	二級	-
47 知識產權審查主任	二級知識產權審查主任	二級	二級	及格
48 投資促進主任	投資促進主任	二級	二級	-
49 勞工事務主任	二級助理勞工事務主任 、	二級	二級	及格
50 土地測量師	助理土地測量師/ 土地測量師	一級	一級	-

	職系	入職職級	英文運用	中文運用	能力傾向測試
51	園境師	助理園境師/ 園境師	一級	一級	及格
52	法律翻譯主任	法律翻譯主任	二級	二級	-
53	法律援助律師	法律援助律師	二級	一級	及格
54	圖書館館長	圖書館助理館長	二級	二級	及格
55	屋宇保養測量師	助理屋宇保養測量師/ 屋宇保養測量師	一級	一級	及格
56	管理參議主任	二級管理參議主任	二級	二級	及格
57	文化工作經理	文化工作副經理	二級	二級	及格
58	機械工程師	助理機械工程師/ 機械工程師	一級	一級	及格
59	醫生	醫生	一級	一級	-
60	職業環境衞生師	助理職業環境衞生師/ 職業環境衞生師	二級	二級	及格
61	法定語文主任	二級法定語文主任	二級	二級	-
62	民航事務主任 (民航行政管理)	助理民航事務主任 (民航行政管理) 民航事務主任 (民航行政管理)	二級	二級	及格
63	防治蟲鼠主任	助理防治蟲鼠主任/ 防治蟲鼠主任	一級	一級	及格
64	藥劑師	藥劑師	一級	一級	-
65	物理學家	物理學家	一級	一級	及格
66	規劃師	助理規劃師/ 規劃師	二級	二級	及格
67	小學學位教師	助理小學學位教師	二級	二級	-
68	工料測量師	助理工料測量師/ 工料測量師	一級	一級	及格
69	規管事務經理	規管事務經理	一級	一級	-
70	科學主任	科學主任	一級	一級	-
71	科學主任 (醫務) (衞生署)	科學主任 (醫務) (衞生署)	一級	一級	-
72	科學主任 (醫務) (食物環境衞生署)	科學主任 (醫務) (食物環境衞生署)	一級	一級	及格
73	管理值班工程師	管理值班工程師	一級	一級	-
74	船舶安全主任	船舶安全主任	一級	一級	-
75	即時傳譯主任	即時傳譯主任	二級	二級	-

公務員入職 **基本法測試**熱門試題王

	職系	入職職級	英文運用	中文運用	能力傾向測試
76	社會工作主任	助理社會工作主任	二級	二級	及格
77	律師	律師	二級	一級	-
78	專責教育主任	二級專責教育主任	二級	二級	-
79	言語治療主任	言語治療主任	一級	一級	-
80	統計師	統計師	二級	二級	及格
81	結構工程師	助理結構工程師/ 結構工程師	一級	一級	及格
82	電訊工程師（香港警務處）	助理電訊工程師/ 電訊工程師（香港警務處）	一級	一級	-
83	電訊工程師（通訊事務管理局辦公室）	助理電訊工程師/ 電訊工程師（（通訊事務管理局辦公室））	一級	一級	及格
84	電訊工程師（香港電台）	高級電訊工程師/ 助理電訊工程師/ 電訊工程師（香港電台）	一級	一級	-
85	電訊工程師（消防處）	高級電訊工程師（消防處）	一級	一級	-
86	城市規劃師	助理城市規劃師/ 城市規劃師	二級	二級	及格
87	貿易主任	二級助理貿易主任	二級	二級	及格
88	訓練主任	二級訓練主任	二級	二級	及格
89	運輸主任	二級運輸主任	二級	二級	及格
90	庫務會計師	庫務會計師	二級	二級	及格
91	物業估價測量師	助理物業估價測量師/ 物業估價測量師	一級	一級	及格
92	水務化驗師	水務化驗師	一級	一級	及格

資料截至2016年3月

12 個最多公務員的部門

部門	實際人數
香港警務處	33217
消防處	10181
食物環境衞生署	10027
康樂及文化事務署	8860
房屋署	8508
入境事務處	7151
懲教署	6631
衛生署	5949
香港海關	5938
社會福利署	5701
郵政署	5060
教育局	5035
其他部門	54357
總數	**166615**

* 統計截至 2017 年 1 月 26 日止

快速記憶
《基本法》內容

《基本法》條文繁多、涵蓋的範圍甚廣，要熟記當中的條文絕不容易。有見及此，筆者特別將記憶法引入「《基本法》測試」的備考工作中。透過生活化的例子，教大家如何將資料輕鬆記下《基本法》的條文。當中所引用的例子類型不拘一格，形式貼近生活，舉例包括：

1. 用一瓶髮蠟講述論到香港特區的權力

2. 如何用英文字「Haters」輕鬆記住立法會主席的職權？

3. 歌手鄭中基多年前的醉酒鬧事，關係到《基本法》選委會的組成？

4. 董伯伯求診記 vs 特首辭職的原因

序言

如何記憶
序言內兩個最重要年份？

「香港自古以來就是中國的領土，一八四〇年鴉片戰爭以後被英國佔領。一九八四年十二月十九日，中英兩國政府簽署了關於香港問題的聯合聲明，確認中華人民共和國政府於一九九七年七月一日恢復對香港行使主權，從而實現了長期以來中國人民收回香港的共同願望。」（《基本法》序言）

在《基本法》序言部分，考生最常被問到條文中有關年份的問題，例如「鴉片戰爭的爆發年份」、「《中英聯合聲明》的簽訂日期」等等。以下提供一些簡易的方法，幫助大家增強記憶效果：

1. 如何快速記下「鴉片戰爭」的關鍵資料？

（關鍵資料：1840年/ 鴉片戰爭/ 英國）

a. 由於「鴉片戰爭」的英文Opium War，其首個英文字母「O」跟鴉片戰爭的爆發年份(1840年)的「0」字相似，故可以將兩者進行聯想。

b. 在該次戰事中，中國被英國打敗（beaten by），而「beaten」又跟英國的英文發音「Bri-tain」相似，故又可以做聯想。

c. 眾所周知，英國是一個四面環海的國家，故可以用「4」作記憶。

1 8 4 0

(用條線link埋個「4」同呢句)英國是一個四面環海的國家

(用條線link埋個「0」同呢句)爆發Opium War

2. 如何快速記憶《中英聯合聲明》的簽署日期？

（關鍵資料：1984年12月19日）

a. 先將《聲明》的簽署日期1984年12月19日，轉換成算式「19+84+12+19」，得出答案134。

b. 由於134的諧音有「一生世」（亦可理解成「一生一世」）的意思，所以你可將之聯想成「《中英聯合聲明》是一份影響著香港幾代人一生一世的文件」。

b. 如果想進一步記住簽署日子,你可以將12月19日直譯成英文
「December Nineteen」,然後取兩個英文字的首字母「D」和
「N」,因為《聲明》的英文Declaration首尾兩個字母,正正
就是D和N。

$$19+84+\boxed{12}+\boxed{19}=\boxed{134}$$

(用條線link埋個「134」同呢句)一生(一)世

(用條線link埋個「12」同呢個字)December

(用條線link埋個「19」同呢個字)Nineteen

(用條線link埋個「December」同「19」呢個字)DeclaratioN

第一章：總則

A. 正宗髮蠟 vs 特區政府的權利及權力

《基本法》第二條提到香港特別行政區政府享有高度自治的權利。條文如下：

「全國人民代表大會授權香港特別行政區依照本法的規定實行高度自治，享有行政管理權、立法權、獨立的司法權和終審權。」

假如你討厭死記硬背上述「四權」（政治管理權、立法權、獨立司法權和終審權）的資料，你可以從「四權」中各抽取一個單字，然後將字眼重新排列成有意思的字詞以便記憶，而為方便大腦更易記憶，你可以借助諧音的協助。即例如：

權力內容	抽取單字	重新排列
1. 政治管理權	政	政終法立 （正宗髮蠟）
2. 立法權	法	
3. 獨立司法權	立	
4. 終審權	終	

至於為什麼會將「四權」跟髮蠟扯上關係？一來是由於字眼的諧音跟髮蠟相近，二來使用髮蠟有助髮型持久定型，符合《基本法》第五條提到「五十年不變」的精神。（原文：香港特別行政區不實行社會主義制度和政策，保持原有的資本主義制度和生活方式，五十年不變。）

至於《基本法》第七條是「總則」內另一資料較多的條文，內容如下：

「香港特別行政區境內的土地和自然資源屬於國家所有，由香港特別行政區政府負責管理、使用、開發、出租或批給個人、法人或團體使用或開發，其收入全歸香港特別行政區政府支配。」

由於上述條文中所出現的「行動字眼」（管理、使用、開發、出租和批出）數量頗多，考生若單憑死記硬背，恐怕成效不大。不過，我們可以繼續用上述的「髮蠟」做例子幫助記憶。方法是先在條文中抽取單字、重新排列（見下表），並配上虛構的故事情節：

行動字眼	抽取單字（諧音）	重新排列
1. 管理	理	理、髮、用
使用	用	
2. 開發	發（髮）	
3. 出租	租	租
4. 批出	批	體、人、批、法
a. 批給個人	人	
b. 批給法人	法（發）	
c. 批給團體	體（睇）	

故事情節可以想像成：

1. 正宗髮蠟的用途：理髮專用。

2. 因產品大受歡迎，於是吸引多家批發商。

3. 由於批發商的質素參差，故生產商需視乎人品（即「睇人」），才跟對方簽訂合約。

4. 髮蠟經批發商分發到零售商戶，由於髮蠟銷情理想，故難逃被業主加租的命運。

正宗髮蠟為 **理發**(髮)專**用** 的產品

生產商 **體**(睇)**人** 品挑選 **批發** 商

因銷情大賣令零售商慘被業主加 **租**

b. 香港特區區旗和區徽的記憶法

在公務員《基本法》知識測試中,經常都會問到香港特別行政區區旗和區徽的題目。題目涉及的範疇頗多,例如區徽上的文字內容、字數和設計圖案等。

香港特別行政區區旗

香港特別行政區區徽

由於兩者的設計元素相似，故本文就取元素較多的區徽作講解。
記憶的方法如下：

1. 先用以下句子作切入點：「中央對香港實施全面管治」，重點在「實施」二字。（原因下面）

2. 將「實施」唸成國語（shi shi），由於拼音與「十四」的國語讀音相近（shi si）相近，故可聯想在一起。（你可能會問：為什麼要將「實施」聯想成「十四」呢？因為香港特別行政區區徽上方，正是寫有「中華人民共和國香港特別行政區」這14個中文字。）

3. 至於區徽內中間的五片花瓣，你可以將「14」拆成算式「1+4=5」去記。

4. 重看切入句「中央對香港實施全面管治」，意思是香港主權在1997年7月1日由英國交還中華人民共和國。而在此以前，香港是由「港英政府」管治。大家可以將「港英」聯想成「香港的英文『Hong Kong』」，因為區徽的下方，正是寫著「HONG KONG」這8個英文字母。

以上1至4點可概括成下面的流程圖：

實施(14 字)

1+4=5

港英

第二章：中央和香港特別行政區的關係

正宗髮蠟 vs 中央和香港特區關係

第一章集中講香港特區的權利和權力，這章則對中央人民政府跟香港特別行政區有更多的著墨。下表列出兩地政府分別享有的權力及《基本法》內的對應條文：

中央政府和香港特區政府分別享有的權力

權力範圍	中央政府	特區政府	對應條文
1. 外交事務管理權	X		第十三條
2. 對外事務管理權		X	第十三條
3. 防務管理權	X		第十四條
4. 任命特首和行政機關的主要官員	X		第十五條
5. 行政管理權		X	第十六條
6. 立法權		X	第十七條
7. 獨立的司法和終審權		X	第十九條
8. 決定進入香港特區定居人數的權力		X	第二十二條

（「X」為擁有相關的權力）

記憶方法如下：

1. 在上述每項「權力範圍」內，各抽一至兩個字作稍後串連之用。以下是抽取的字眼（由上至下順序排列）：

a. 中央政府：外、務、官員

b. 特區政府：對、政、立、法、終、決

2. 將第1點a、b兩項重新排列成有意思的句子：

政、終、法、立、對、決、外、務、官員

（諧音為「正宗髮蠟對決外務官員」）

3. 為加強記憶效果，虛構一個故事情節。你可以構思類似《矛盾對決》的節目內容：一邊是「50年不變髮型」的最強髮蠟，對決「不會蠟到頭的外務官員」。

正宗髮蠟對決外務官員

第三章：居民的基本權利和義務

男人之苦 vs 特區居民的基本權利

本章的條文涵蓋的範圍廣泛，但可粗略歸納為以下幾點：

特區居民享有的權利	抽取單字	《基本法》對應條文
1. 居留及出入境的權利	居	第二十四條、第三十一條
2. 法律方面的權利	法	第二十五條、第三十五條
3. 選舉和被選舉權	舉	第二十六條
4. 通訊、言論、新聞、出版、結社、集會、遊行、示威，組織公會、參加工會，罷工的自由	論	第二十七條、第三十條
5. 人身自由及安全	安	第二十八條、第二十九條
6. 信仰的自由	信	第三十二條
7. 選擇職業的自由	業	第三十三條
8. 學術研究、文學藝術創作	創	第三十四條
9. 享受社會福利的權利	福	第三十六條
10. 婚姻自由和自願生育的權利	婚	第三十七條

記憶的方法如下：

1. 先在上述的各項特權中各抽一字（見上面）：舉／論／婚／居／法／福／安／信／創／業

2. 將抽出的單字重新排列成有意思的句子

3. 為加強記憶效果,虛構一個故事情節。你可以用筆者所構思的
「男人之苦」情節作參考:

a. 一名男子因為不舉問題,太太嫌生活難以圓滿,於是跟丈夫談
論到分居問題。(關鍵字:舉、論、婚、居)

b. 失婚男子因踏入中年,日漸發福。(關鍵字:法、福)

c. 男子為重振雄風,於是去安信借貸,希望創一番事業。(關鍵
字:安、信、創、業)

當然,以上方法只供參考,你可以用自己的方法串連資料。

第四章：政治體制

A. 鄭中基 vs 特首擔任方法及產生辦法

歌手鄭中基如何關係到香港特區行政首長的產生？先賣個關子。以下先看看有關行政長官的基本法條文內容：

《基本法》第四十四條提到：

「香港特別行政區行政長官由年滿四十周歲，在香港通常居住連續滿二十年並在外國無居留權的香港特別行政區永久性居民中的中國公民擔任。」

要快速記憶以上資料，你可以先用以下一句：「男人四十一頭家」作聯想，你可以將家引伸為「香港」，因為做特首也算是擔起一頭家吧，而句中的「四十」剛好跟參選特首的條件一相同。

第二，由於特首要同時遊走中港兩地，故你可以簡單想像成算式「40除2」，於閃得出答案「20」，跟條文中「連續滿20年」的關

鍵字眼相乎。（當然，歲數跟居港年期風馬牛不相及，但以上方法旨在幫助記憶。方法越天馬行空越好，這方面不用太講邏輯）

只要符合以上條件，就有資格參選為期5年任期的特首。（《基本法》第四十六條）

記住以下兩條算式：

a. 算式1：

$$(40_{歲} + 20_{年}) \times_{特首} 5_{年任期} = 300$$

b. 算式2：

$$選委會每組 300_{人} \times 4_{組} = 1200_{人}$$

關於算式2，可以作這樣演繹：由於參選特首的人，通常都要志在四方，故就得出「300 x 4=1200」。

至於篇首提到的鄭中基又如何關係到特首選舉？答案就是跟選委會的組成部份有關。根據《基本法》提到，1,200人的選委是會由下列各界人士組成：

界別	抽取單字	人數
工商界、金融界	工、金	300
專業界	專業	300
1. 立法會議員 2. 區議員議員代表 3. 鄉議局代表 4. 香港特別行政區全國人民代表 5. 香港特別行政區全國政協委員代表	立、區、議、人、政	300
勞工、基層、宗教界	勞、基、宗（取諧音「中」）	300

不少考生在看到上表時都會感到莫名奇妙，例如為什麼宗教界會被列入跟勞工和基層同一界別？假如不明白當中原因，實在難以記憶。不過，只要用適當的方法，即使資料零散，也可以快速記憶。以下就嘗試將歌手「鄭中基」的名字加插其中，幫助記憶：

假如你在網上搜尋「鄭中基」的資料，會發現他在多年前曾因在飛機上醉酒鬧事令形象受損。

我們可以用此事為出發點，構思一個故事：

a. 歌手鄭中基飲醉酒後好勞嘈，仲喺飛機上打人。（關鍵字：宗、基、勞）

b. 警察奉召到場後，鄭中基已立時被人驅趕，現正被送往警署協助調查。（關鍵字：議、立、人、區、政）

c. 鄭中基醉酒鬧事的事件，嚴重影響其專業形象。（關鍵字：專業）

d. 假如一經罪成，隨時無法再在娛樂圈『掘金』，更可能要轉工。」（關鍵字：金、工）

上面簡單一個故事，便可以將零散的資料牢牢記住。考前重溫下面一段字，會更有助記憶：

鄭中基酒後好勞嘈，機上生事。

他已立即被人驅趕落機。

正被送往警署協助調查。

事件影響其歌手的專業形象，

隨時冇得再掘金要轉工。

B. 董伯伯求診記 vs 行政長官辭職原因

根據《基本法》第五十二條，特首在下列幾個情況下必須辭職：

出現情況	抽取單字
1. 因嚴重疾病或其他原因無力履行職務	病、無力、行
2. 因兩次拒絕簽署立法會通過的法案而解散立法會，重選的立法會仍以全體議員三分之二多數通過所爭議的原案，而行政長官仍拒絕簽署	絕、署、立、通、法
3. 因立法會拒絕通過財政預算案或其他重要法案而解散立法會，重選的立法會繼續拒絕通過所爭議的原案。	拒、$

我們今次可以用前特首董建華做主角，虛構一個故事。雖然董伯伯（董之暱稱）曾於任內的而且確因腳部毛病辭去特首一職，但以下的故事只屬借題發揮。故事情節如下：

1. 董伯伯因腳部毛病，無力行。（關鍵字：病、無力、行）

2. 董伯伯因逢絕處，篤信中醫的他立即想尋找打通經脈的方法，最後求得一醫生。（關鍵字：絕、署、立、通、法）

3. 但由於該醫生未能把他的腳患治好，結果董伯伯拒絕支付醫藥費。（關鍵字：絕、$）

董伯伯因腳病之故，無力履行職務，
董伯伯因逢絕處，
立即尋求通經絡的方法，

後來尋得一名醫生。但該名醫生因未能幫他醫好腳患，
於是董伯伯拒絕付$。

C. 鄭若驊事件 vs 立法會職權的記憶法

根據《基本法》第七十三條，立法會有十大職權（見下表）：

職權範圍	抽取單字
1. 根據本法規定並依照法定程序制定、修改和廢除法律	律
2. 根據政府的提案，審核、通過財政預算	政
3. 批准稅收和公共開支	收
4. 聽取行政長官的施政報告並進行辯論	施（取諧音「司」）
5. 對政府的工作提出質詢	質詢
6. 就任何有關公共利益問題進行辯論	利益
7. 同意終審法院法官和高等法院首席法官的任免	任
8. 接受香港居民申訴並作出處理	申（取諧音「新」）
9. 如立法會全體議員的四分之一聯合動議，指控行政長官有嚴重違法或瀆職行為而不辭職，經立法會通過進行調查，立法會可委托終審法院首席法官負責組成獨立的調查委員會，並擔任主席。調查委員會負責進行調查，並向立法會提出報告。如該調查委員會認為有足夠證據構成上述指控，立法會以全體議員三分之二多數通過，可提出彈劾案，報請中央人民政府決定。	調查
10. 在行使上述各項職權時，如有需要，可傳召有關人士出席作證和提供證據	作證

正如一貫的做法，筆者會在每項中抽取一個單字作記憶，所以上表的右方有一欄叫「抽取單字」。

執筆之時，正值律政司鄭若驊上任之初。正所謂「新官上任三把火」，原意是指官員在履新之時多會有些勢頭，但鄭司長的「火」恐怕是指「火頭」多於勢頭。對於公眾對司長的指控內容，相信大家都耳熟能詳，故不在此重覆一次，但事件恰好可以供我們用作記憶上表內容之用。

至於該如何將上表內容好好記住？方法是用以下句子幫助記憶（內容屬虛構）：

質詢和**調查**
新任律政司司長
懷疑**收**受**利益**，
立法會傳召對方**作證**。

短短一個故事情節，便包含上表中「抽取單字」內所有字眼。

D.「Haters」vs 立法會主席職權

政治人物因角色敏感，容易成為被公眾「噦噦」的對象。對於發出「噦噦」的人，我們稱之為「haters」。以下就嘗試用haters幫助大家記憶立會主席的職權。

《基本法》第七十二條提到，立法會主席行使下列職權：

立法會主席的職權	英文	抽取單字
1. 主持會議	Host	H
2. 決定議程，政府提出的議案須優先列入議程	Agenda	A
3. 決定開會時間	Time	T
4. 在休會期間可召開特別會議	Rest	R
5. 應行政長官的要求召開緊急會議	Special	S
6. 立法會議事規則所規定的其他職權	Exclude	E

將主席的職權譯成英文，再抽取一個能代表該詞語的英文字母，並重新組合而成「Haters」。

F. 八字真言 vs 喪失立會議員資格原因

酒 色 財 氣 生 老 病 死

上述八個大字,如何關係到立法會議員喪失議員資格的原因?先看看在《基本法》中有關喪失議員資格的原因之條文,再對照附表右欄的「聯想字」便大概可會知道:

情況	聯想字
1. 因嚴重疾病或其他情況無力履行職務;	病、色
2. 未得到立法會主席的同意,連續三個月不出席會議而無合理解釋者	走、老
3. 喪失或放棄香港特別行政區永久性居民的身份	死
4. 接受政府的委任而出任公務人員	生
5. 破產或經法庭裁定償還債務而不履行	財、裁
6. 在香港特別行政區區內或區外被判犯有刑事罪行,判處監禁一個月以上,並經立法會出席會議的議員三分之二通過解除其職務	
7. 行為不檢或違反誓言而經立法會出席會議的議員三分之二通過譴責	棄

現就上表略作講解：

1. 「因嚴重疾病或其他情況無力履行職務」：可以聯想成「病到五顏六色」，故取「病」和「色」。

2. 「未得到立法會主席的同意，連續三個月不出席會議而無合理解釋者」：可以聯想成「走佬」（廣東話「跑掉」的意思），故在「八字真言」中取「走」和「老」二字。

3. 「喪失或放棄香港特別行政區永久性居民的身份」：意思跟「死」相近，例如我們可以將放棄特區永久性居民身份的人，理解成「死都唔會要番個身份」。

4. 「接受政府的委任而出任公務人員」：因接受政府委任有「升呢」的意思，有點近似「重獲新生」的意思。

5. 「破產或經法庭裁定償還債務而不履行」和「在香港特別行政區區內或區外被判犯有刑事罪行，判處監禁一個月以上，並經立法會出席會議的議員三分之二通過解除其職務」：前者與「錢財」有關，後者有「裁決」有關。因兩者讀音相同，故作同一處理。

7. 「行為不檢或違反誓言而經立法會出席會議的議員三分之二通過譴責」：因被議員遺棄，故取「棄」。

將上述抽取出來的單字重新組合（部分字要用諧音），便得出「酒色財氣，生死病死」八字真言。

總結：

以上的方法，旨在幫助考生更易記憶《基本法》部分條文，並希望大家在誦讀《基本法》條文時，能更易熟記當中的條文，並減少沉悶的感覺。

《基本法》測試

《基本法測試》是一張以選擇題形式作答的試卷，全卷共 15 題，考生須於 20 分鐘內完成

測試一

全卷共 15 題，考生須於 20 分鐘內完成。

1. **香港從古至今都是屬於哪個國家的領土？**

A. 美國

B. 英國

C. 中國

2. **下列哪一項是對《基本法》的法律效力之正確描述？**

A. 由全國人民代表大會常務委員會通過，故人大常委會有修改權。

B. 由香港臨時立法會通過，效力以十年為限。

C. 由第七屆全國人民代表大會第三次會議通過

3. **香港特別行政區是中華人民共和國轄下一個享有高度自治權的什麼級別的行政機構？**

A. 省

B. 地方行政區域

C. 少數民族自治區

4. 中央政府駐港的外交機構有什麼作用和功能？

A. 方便代表中央政府處理外交事務

B. 作為中港和外國溝通的橋樑

C. 幫助特區政府處理國際事務上的紛爭

5. 為什麼《基本法》要明確列明香港居民的基本權行和義務？

A. 體現中央對港人的尊重，並落實兩制。

B. 擔心傳媒報道有所偏頗

C. 免除日後發生爭議

6. 以下哪一類別人士屬香港永久性居民？

A. 合法入境、連續七年以上居港人士

B. 持單程證來港居住的人士

C. 持雙程證來港居住的人士

7. **行政長官必須對中央和特區政府負責的原因為：**

A. 行政長官是代表香港特別行政區的最高負責人

B. 行政長官不能令特區出現外匯虧損的情況

C. 香港是東方之珠，享譽世界。

8. **香港特別行政區的哪一位官員是香港特別行政區首長？**

A. 立法會主席

B. 政務司司長

C. 行政長官

9. **香港特別行政區行政長官是香港特別行政區的首長，他/她代表哪個權力機構？**

A. 香港特別行政區

B. 國務院

C. 中共中央

10. 香港特別行政區行政長官依照《基本法》的規定，對誰人負責？

A. 香港特別行政區

B. 中央人民政府

C. 以上皆是

11. 參選行政長官需具備哪些條件？

A. 年滿35周歲，在外國無居留權。

B. 年滿40周歲，在外國無居留權。

C. 年滿45周歲，在外國無居留權。

12. 香港特別行政區行政長官在當地通過什麼程序產生，由中央人民政府任命？

A. 委任

B. 選舉或協商

C. 選舉

13. 對於香港居民如何擁有私有財產方面，《基本法》有何規定？

A. 《基本法》規定香港居民有權擁有私人財產

B. 《基本法》列明香港居民的私有財產須撥歸中央所有

C. 《基本法》列明私有財產實行有限公司化

14. 香港回歸祖國後，私有財產者的房屋會不會歸國家所有？

A. 不會

B. 視乎情況

C. 會，尤其一旦改建或僭建會對特區基建造成影響的時候。

15. 《基本法》對本港學校的教學活動方面於使用普通話上，作出何種規定？

A. 規定必須使用普通話

B. 規定使用普通話和英語

C. 無此規定

測試一答案：

1. C　2. C　3. B　4. A　5. A
6. A　7. A　8. C　9. A　10. C
11. B　12. B　13. A　14. A　15. C

測試二

全卷共 15 題，考生須於 20 分鐘內完成。

1. **基本法於何時開始生效？**

A. 香港特別行政區成立當日

B. 基本法通過當日

C. 基本法頒佈當日

2. **有人表示：「基本法是羅馬系法律」，這種說法是否正確？**

A. 說法正確，與澳門的基本法一樣，由全國人大通過。

B. 說法不正確，取決於實施地的法區，如香港的基本法是普通法。

C. 說法不正確，因為基本法屬於混合法系。

3. **以下哪個組織負責香港外交事務？**

A. 香港特區政府

B. 外交部駐港特派員公署

C. 國務院港澳辦

4. 《基本法》內哪些條文能夠體現國家主權？

A. 外交、國防由中央政府負責

B. 特區政府的官員，必須由中央政府任命。

C. 特區首長當選後，須由中央政府加冕。

5. 如何才可以成為香港永久性居民？

A. 通常居港滿七年以上

B. 隨時可以提出申請

C. 以上皆否

6. 香港居民申領特區護照的條件為：

A. 成為香港特區永久性居民

B. 在港住滿七年

C. 要熟識《基本法》

7. 現時行政長官是如何產生出來？

A. 通過全體香港市民選出來

B. 由中央人民政府選出來

C. 由一個具廣泛代表性的選舉委員會根據《基本法》選出來，並由中央人民政府任命。

8. 香港特別行政區行政長官每屆的任期為：

A. 三年

B. 四年

C. 五年

9. 香港特別行政區行政長官在任期屆滿後能不能連任？

A. 可以連任一次

B. 可以連任兩次

C. 不可以連任

10. 行政長官在就任時，應向誰申報財產並記錄在案？

A. 終審法院首席法官

B. 廉政公署署長

C. 警務署署長

11. 以下哪一項不是行政長官的職權範圍？

A. 公布法律

B. 監督駐港解放軍

C. 任免公職人員

12. 香港特別行政區行政長官的職權包括可以向中央人民政府建議免除部分官員，下列哪些官員不包括在內？

   (1) 廉政專員

   (2) 審計署署長

   (3) 終審庭首席法官

   (4) 海關關長

   (5) 選舉委員會主席

   (6) 立法會主席

A. (3)、(5)和(6)

B. (1)、(3)和(4)

C. (1)、(2)和(5)

13. 下列的正確選項為：

A. 特區政府可以隨意徵用私人財產

B. 個人財產的繼承權依照《基本法》受到保障

C. 特區政府在徵用私人財產時，毋須作出賠償。

14. 《基本法》中對制定本港金融制度的規定為：

A. 可自行制定貨幣政策

B. 由中央包辦策劃

C. 與英國共同商訂

15. 《基本法》對香港特別行政區施行國家教育大綱，作出何種規定？

A. 特區可自行決定，不會受到中央政府干預。

B. 暫時不用貫徹國家教育大綱

C. 特區政府正逐步實施

測試二答案：

1. A 2. A 3. B 4. A 5. A
6. A 7. C 8. C 9. A 10. A
11. B 12. A 13. B 14. A 15. A

測試三

全卷共 15 題，考生須於 20 分鐘內完成。

1. 「在香港實施的全國性法律，只可以是基本法附件三提及的法律。」這種説法對嗎？

A. 對

B. 不對，CEPA是全國性法律，於香港有效。

C. 不對，在緊急狀態或於戰爭狀態時例外。

2. 以下何者為《基本法》所規定的政制方面方針？

A. 以《中英聯合聲明》為方針

B. 以法治精神為主導

C. 行政主導

3. 假如香港與其他國家發生經濟糾紛，中央政府會依照什麼處理？

A. 特區政府要求中央協助

B. 內地利益大於特區利益

C. 不會作出調解

4. 駐港部隊於何時進駐香港？

A. 1997年6月1日

B. 1997年7月1日

C. 1997年10月1日

5. 以下哪一項不一定具備成為香港永久性居民的條件？

A. 在港擁有居留權的人士

B. 在港連續住滿七年以上的中國人士

C. 港人在內地所生的子女

6. 假如外籍傭工在港住滿七年，又是否符合成為香港永久性居民的條件？

A. 符合

B. 不符合

C. 視乎情況

7. 行政長官簽署由立法會通過的財政預算案，並將財政預算、決算呈交給：

A. 報中央人民政府批准

B. 報中央人民政府表決

C. 報中央人民政府備案

8. 根據《基本法》規定，香港特別行政區行政長官行使的職權乃是：

A. 簽署立法會通過的法案，公布法律。

B. 決定政府和發布行政命令，依法任免公職人員。

C. 以上兩者皆是

9. 香港特別行政區行政長官可以行使的職權為：

A. 依照法定程序，任免各級法院法官。

B. 赦免或減輕刑事罪犯的刑罰

C. 以上兩者皆是

10. 行政長官在其一任的任期內，可解散立法會多少次？

A. 一次

B. 兩次

C. 三次

11. 香港特別行政區立法會如拒絕批准政府提出的財政預算案，行政長官是否可以向立法會申請臨時撥款？

A. 可以

B. 不可以

C. 《基本法》沒有列明

12. 基於下列哪種情況，行政長官必須辭職？

A. 因嚴重疾病導致無法履行職務

B. 中央政府認為其辦事不力

C. 立法會有超過一半數目的議員，向立法會提出彈劾。

13.《基本法》中對香港特別行政區稅收制度的規定為：

A. 由中央政府制定政策

B. 實行獨立的稅收政策

C. 須將百分之二十上繳中央政府

14. 中央對香港特區政府的徵稅作出何種規定？

A. 特區政府以供養駐港部隊，以代替上繳的稅款。

B. 特區政府每年須上繳一定百分比的稅收

C. 中央政府不會向特區徵稅

15.《基本法》中對國內的學歷承認問題，作出何種處理？

A. 相互承認

B. 自行制定承認學歷的政策

C. 不獲得承認

測試三答案：

1. C 2. C 3. A 4. B 5. C
6. B 7. C 8. C 9. C 10. A
11. A 12. A 13. B 14. C 15. B

測試四

全卷共 15 題,考生須於 20 分鐘內完成。

1. **以下何者為特區立法機關和行政機關的關係之正確描述?**

A. 相互配合,相互制衡。

B. 相互配合,相互聯繫。

C. 相互幫助,相互合作。

2. **下列哪一項為《基本法》的正確實施時間?**

A. 1997年1月1日

B. 1997年7月1日

C. 1997年10月1日

3. **解放軍進駐香港的職責為:**

A. 肩負香港特區的防務工作

B. 保護香港特區免受外敵入侵,平穩發展本港各行各業,促進本港經濟。

C. 增加香港同胞對國家的歸屬感

4. 駐港部隊與特區政府如何維持關係？

A. 駐軍須履行防務責任，彼此互不隸屬，大家各不干預。

B. 兩者相互合作，彼此聯繫。

C. 共同直屬中央領導，大家保持良好的合作關係。

5. 香港特別行政區對持有英國屬土公民及國民(海外)護照的使用者，作出何種的處理方法？

A. 容許繼續使用

B. 不容繼續使用

C. 特區成立五十年後不得使用

6. 《中國國籍法》對香港特別行政區的規定是什麼？

A. 雙重國籍不予以承認，在進入香港特區時申報國籍及絕不承認英國政府的「居英權」計劃。

B. 承認雙重國籍及在進入特區時申報國籍

C. 在進入特區時不需要申報國籍及承認英國政府的「居英權」計劃

7. 假如行政長官因立法會拒絕通過財政預算案,或其他重要法案而解散立法會,而重選出來的立法會繼續拒絕通過爭議的原案之情況下,行政長官便需要:

A. 辭職

B. 再次解散立法會

C. 交由行政會議審批

8. 假如香港特別行政區行政長官在短期內不能履行職務,其工作會依次由下列哪些官員臨時代理?

A. 政務司司長、律政司司長、財政司司長

B. 政務司司長、財政司司長、律政司司長

C. 律政司司長、政務司司長、財政司司長

9. 如當行政長官缺位,依照《基本法》應在什麼時候產生新的行政長官?

A. 三個月內

B. 半年內

C. 一年內

10. 香港特別行政區內哪個組織是協助行政長官執行決策的機關？

A. 中央政策組

B. 行政長官辦公室

C. 行政會議

11. 特區「行政會議」的成員是由行政長官由哪些人士中挑選？

(1)政黨黨魁

(2)行政機關的主要官員

(3)立法會議員

(4)社會人士

A. (1)、(2)和(3)

B. (2)、(3)和(4)

C. 以上皆是

12. 根據《基本法》第五十六條規定，行政長官在以下哪些情
    況下，須徵詢行政會議的意見？

(1)作出重要決策

(2)委任高級公務員

(3)緊急情況下採取的措施

(4)向立法會提交法案

A.　(1)、(2)和(3)

B.　(1)和(4)

C.　以上皆是

13. 內地稅制在港適用嗎？

A.　部份可以採用

B.　中、港雙重抽稅

C.　完全不適用

14. 《基本法》中對香港「自由港」地位作出何種規定？

A. 可以繼續保持「自由港」的自由地位

B. 只限有貿易交往的國家

C. 凡出境或入境都不用證明文件

15. 香港與內地的專業資格評審制度，是如何銜接？

A. 會積極考慮銜接問題

B. 暫時不會考慮銜接問題

C. 銜接與否的問題，會交由特區政府研究及決定，特區政府可在保留專業基礎上自行制定評審方法。

測試四答案：

1. A 2. B 3. A 4. A 5. A

6. A 7. A 8. B 9. B 10. C

11. B 12. B 13. C 14. A 15. C

測試五

全卷共 15 題，考生須於 20 分鐘內完成。

1. 何時頒布《基本法》？

A. 1989年4月4日

B. 1990年4月4日

C. 1997年4月4日

2. 香港特別行政區成立紀念日的正確日子為：

A. 7月1日

B. 10月1日

C. 12月20日

3. 誰負責駐港部隊的日常開支？

A. 香港特別行政區政府

B. 中央人民政府

C. 由中央政府和特區政府共同承擔

4. 《基本法》中對港人服兵役的條文有什麼規定？

A. 准許港人入伍

B. 志願者可予以推薦

C. 不會在港徵兵

5. 香港特別行政區的永久性居民和非永久性居民有何分別？

A. 是否擁居留有權

B. 是否擁有過境權

C. 是否擁有越境權

6. 凡持有BNO證件的香港中華人民共和國公民，在中國其他地區有什麼保障？

A. 可享受中國和英國的領事保護

B. 不可享受英國領事保護

C. 只可享受英國領事保護

7. 行政長官在按《基本法》第五十條解散立法會前，須徵詢誰的意見？

A. 全國人民代表大會常務委員會

B. 中央人民政府

C. 行政會議

8. 香港特別行政區行政會議的成員是由＿＿＿＿＿＿＿產生？

A. 行政長官委任

B. 選舉

C. 中央委任

9. 行政長官如不採納行政會議多數成員的意見，經協商後仍然未能取得一致的意見，那麼行政長官可以怎樣處理？

A. 解散行政會議

B. 應將具體理由記錄在案

C. 不用理會

10. 協助行政長官作決定的組織名稱是：

A. 立法會

B. 終審法院

C. 行政會議

11. 廉政公署和_____都是獨立工作，直接向行政長官負責。

A. 審計署

B. 政制及內地事務局

C. 教育局

12. 假如說：「特區政府分別設立審計處和廉政公署，兩個部門各自獨立工作，兩者都對行政長官負責。」以上的說法對嗎？

A. 對

B. 不對

C. 只設立廉政公署，沒有設立審計署。

13. 香港和其他國家簽下「關貿協定」所用的名稱為：

A. 香港特區政府

B. 中華人民共和國香港

C. 香港貿易發展局

14. 《基本法》中對香港的私營企業作出何種規定？

A. 不會受到限制

B. 港商不得和外商聯營業務

C. 必須加入中華人民共和國資本合作經營

15. 《基本法》對香港特別行政區學校往外聘請教職員方面，
作出何種規定？

A. 由學校自行決定，不受限制。

B. 只能聘任英文科目

C. 國籍的比例會受到監管

測試五答案：

1. B　2. A　3. B　4. C　5. A
6. B　7. C　8. A　9. B　10. C
11. A　12. A　13. B　14. A　15. A

測試六

全卷共 15 題，考生須於 20 分鐘內完成。

1. 香港回歸祖國的日子為：

A. 1984年12月19日

B. 1997年7月1日

C. 1999年12月20日

2. 中華人民共和國政府於1997年7月1日是如何對香港行使主權？

A. 恢復

B. 租借

C. 收回

3. 為何中央政府要負責特區外交事務？

A. 中國政府恢復行使香港主權的最主要標誌

B. 中央政府義務肩負起外交事務是對香港特區政府的關懷

C. 外交由宗主國處理，避免特區政府捲入政治漩渦。

4. 駐港部隊有何措施不干預香港事務？

A. 每年舉辦一次開放日

B. 駐軍必須遵守全國性和特區的法律

C. 不許干預特區政府日常的行政工作，只可以參與

5. 根據《基本法》，「香港居民」是指：

A. 香港特別行政區永久性居民和非永久性居民

B. 香港特別行政區永久性居民

C. 《基本法》內沒有說明

6. 中國《國籍法》在香港特別行政區實施有什麼規定？

A. 雙重國籍不獲承認，在進入特區時申報國籍及絕不承認英國政府的「居英權」計劃

B. 承認雙重國籍及在進入特區時申報國籍

C. 沒有列明

7. 行政長官的產生辦法已列入《基本法》哪一個附件中？

A. 附件一

B. 附件二

C. 附件三

8. 在2017年的特首選舉中，行政長官的選舉委員會委員由_____人組成。

A. 一千二百人

B. 一千四百人

C. 二千一百人

9. 行政長官選舉委員會每屆的任期為：

A. 三年

B. 四年

C. 五年

10. 選舉委員會是由各個界別的法定團體，按照選舉辦法而自行選出委員會委員，並以何種身份投票？

A. 委員代表自己的政黨投票

B. 委員代表自己的團體投票

C. 委員以個人身份投票

11. 選舉委員會委員聯合提名行政長官候選人，每名委員只可以提出＿＿＿名候選人。

A. 一

B. 兩

C. 三

12. 選舉委員會以何種方式，由所有獲得提名的行政長官候選人之中，選出一位候任人？

A. 有記名的一人一票

B. 無記名的一人一票

C. 按燈投票

13. 《基本法》中對貨幣匯兌作出何種規定？

A. 限制攜帶巨款進出邊境

B. 外匯買賣及進出不會受到限制

C. 所有巨額的匯款都必須向海關作出申報

14. 《基本法》對本港回歸祖國後，所簽發產地來源證作出何種規定？

A. 必須呈報中央政府作審核

B. 可以簽發產地來源

C. 不可以簽發產地來源

15. 香港特別行政區在學術自由方面，作出何種規定？

A. 只有私人院校，才能享有學術自由。

B. 只有大專或以上學府，才可保留學術自由方面的自主。

C. 不論各類院校，均可以保留學術自由方面的自主性。

測試六答案：
1. B 2. A 3. A 4. B 5. A
6. A 7. A 8. A 9. C 10. C
11. A 12. B 13. B 14. A 15. C

測試七

全卷共 15 題，考生須於 20 分鐘內完成。

1. **制定《基本法》並賦予香港特區高度自治的是哪一個國家機關？**

A. 全國人民代表大會

B. 統戰部

C. 中宣部

2. **誰制定《基本法》？**

A. 終審法院

B. 香港立法會

C. 全國人民代表大會

3. 根據《基本法》，香港特別行政區在以下哪些方面沒有自治權？

(1)立法

(2)外交

(3)國防

A. 以上皆是

B. (1)和(2)

C. (2)和(3)

4. 就防務的安排上，中央如何對香港特別行政區行使主權？

A. 在決定香港警務處處長的人選上有委任權

B. 於必要時，可增派內地公安協助香港警察執行防務。

C. 派遣解放軍駐守香港特別行政區

5. 哪些是香港居民可享有的法律權利？

A. 行政長官不受法律制裁

B. 高官可以免受檢控

C. 法律面前，人人平等。

6. 在《基本法》中，下列哪一項權利是永久性香港居民擁有，而非永久性香港居民不可擁有？

A. 選舉權和被選舉權

B. 婚姻自由的權利

C. 法律諮詢及提訴訟權

7. 在2007年以後立法會的產生，如需修改，必須經過下列何種程序？

(1)全體立法會議員的三分之二多數通過

(2)行政長官同意

(3)全國人民代表大會常務委員會批准

(4)報全國人民代表大會常務委員會備案

A. (1)、(2)和(3)

B. (1)、(2)和(4)

C. 以上皆是

8. 選舉委員會可以提名行政長官候選人，但要不少於＿＿＿名選舉委員會提名。

A. 一百名

B. 一百五十名

C. 二百名

9. 行政長官選舉委員會的委員，乃是來自香港哪些人士？

A. 政經界

B. 工商界

C. 社會各界

10.《基本法》中對特區政府各部門（及其公務人員）向中央
    政府進行工作報告的規定為：

A. 視乎報告的性質而定

B. 施政報告則需要

C. 未有特別規定

11. 行政長官每年都要向立法會提交_____。

A. 社福報告

B. 財政預算案

C. 施政報告

12. 由行政長官提名並報請中央人民政府任命的主要官員包括：

(1)各司司長

(2)各局副局長

(3)行政會議成員

(4)終審法院法官

(5)海關關長

(6)入境事務處處長

A. (1)、(2)、(4)、(5)和(6)

B. (1)、(2)、(3)和(5)

C. (1)、(5)和(6)

13. 香港特別行政區政府的理財是以＿＿＿＿作準則？

A. 少入多出

B. 量入為出

C. 多入少出

14. 外匯管制政策在何時實行？

A. 即將實行

B. 不會實行

C. 視情況而定

15. 《基本法》對回歸後的港人到外國留學，作出何種規定？

A. 只有待在香港境內選擇院校的自由

B. 享有到特區以外地區求學的自由

C. 必須經由中國外交部的審批

測試七答案：

1. A　2. C　3. C　4. C　5. C
6. A　7. B　8. B　9. C　10. C
11. C　12. C　13. B　14. B　15. B

測試八

全卷共 15 題，考生須於 20 分鐘內完成。

1. 下列哪項是有關《基本法》的正確描述？

A. 香港特別行政區基本法是按《中英聯合聲明》制定的

B. 香港特別行政區基本法是按普通法制定

C. 香港特別行政區基本法是按《中華人民共和國憲法》、依據香港的具體情況而制定，故是合乎憲法。

2. 《基本法》與香港法律有著何種關係？

A. 《基本法》與香港法律沒有關係

B. 《基本法》屬香港法律的補充條文，地位低於香港法律。

C. 《基本法》的地位是高於特區法，特區法不得與《基本法》抵觸。

3. 以下哪一項是《基本法》所列明規定？

A. 香港特區政府的防務和與特區有關的外交事務，均須交由中央人民政府負責管理。

B. 特區首長及所有首長級官員，都必須由中央任免和批准。

C. 當選立法會議員的名單，都必須由中央任免和批准。

4. 按照《基本法》所列明，香港特別行政區政府是否需要負責國家的外交事務？

A. 需要

B. 不需要

C. 按照情況而定

5. 根據《基本法》規定，只有哪些人才擁有選舉權和被選舉權？

A. 香港永久性居民

B. 年滿21歲的中、外籍人士

C. 居港滿七年，及年滿14周歲。

6. 香港回歸後，言論自由有什麼規定？

A. 言論自由得到保障

B. 言論自由受到監控

C. 言論自由被取締

7. 選舉委員會乃根據選舉管理委員會條例而成立的獨立、公正和非政治性組織，委員會的主要職責包括：

(1)檢討立法會和區議會的選區分界，並提出建議。

(2)就公共選舉的舉行，及選民登記工作制訂規例、指引及有關安排。

(3)推舉候選人

(4)為候選人提供法律支援

A. (1)、(2)

B. (1)、(2)和(3)

C. 以上皆是

8. 專責在2017年選出特區行政長官的選舉委員會，其成員身份有沒有受規限？

A. 有。成員必須為香港永久性居民。

B. 有。成員必須為年滿40歲的人士。

C. 沒有限制。

9. 專責在2017年選出特區行政長官的選舉委員會，合共有多少個界別分組？

A. 三十八

B. 三十九

C. 四十

10. 特區主要官員指各司司長、副司長、各局局長、廉政專員、審計署署長和警務處處長外，還包括_____。

A. 房屋署署長、庫務署署長

B. 入境處處長、海關關長

C. 民政事務總署署長、社會福利署署長

11. 香港特區的主要官員必須具備下列哪一項條件？

A. 在港通常居住連續滿七年，並在外國無居留權的香港特別行政區永久性居民中的中國公民。

B. 在港通常居住連續滿十年，並在外國無居留權的香港特別行政區永久性居民中的中國公民。

C. 在港通常居住連續滿十五年，並在外國無居留權的香港特別行政區永久性居民中的中國公民。

12. 出任特區政府司長、局長、廉政專員、審計署長、警務處長、入境事務處長、海關關長的資格，當中最主要條件為：

A. 由在外國無居留權的香港永久性居民擔任

B. 必須持有大學學位或以上學歷

C. 由中央人民政府推薦的人士擔任

13. 香港特別行政區的外匯基金要不要上繳中央政府？

A. 需要

B. 不需要

C. 視乎情況而定

14. 中央政府會將香港特區外匯儲備撥給中國其他省、市和自治區嗎？

A. 會

B. 不會

C. 視乎情況而定

15. 香港回歸後對宗教團體辦教育，作出何種規定？

A. 只限開辦中等教育

B. 可以開辦教學

C. 只容許開辦神學院

測試八答案：
1. C 2. C 3. A 4. B 5. A
6. A 7. A 8. A 9. A 10. B
11. C 12. A 13. B 14. B 15. B

測試九

全卷共 15 題,考生須於 20 分鐘內完成。

1. 下列哪項有關《基本法》的描述是正確的?

A. 《基本法》寫有港人治港、高度自治的原則

B. 《基本法》是中英移交主權的法律文件

C. 《基本法》是香港政權移交的歷史文獻

2. 《基本法》的作用為:

A. 延續港英的法治制度

B. 資本主義過渡社會主義

C. 確保「一國兩制」的嚴格執行

3. 香港特別行政區的外交事務乃指:

A. 用國家的名義參加運動會

B. 用國家的名義干預別國內政

C. 用國家的名義進行外訪、交涉和談判

4. 香港特別行政區在有需要時，可以向中央人民政府請求駐軍履行何種工作？

A. 幫助救助災害和維持社會治安

B. 防止外國軍隊入侵

C. 參與社區地區工作

5. 《基本法》對新聞自由的規定是：

A. 港人擁有出版和新聞自由

B. 港人的出版和新聞自由被取締

C. 港人擁有閱讀新聞的自由

6. 《基本法》對示威和遊行的規定是：

A. 港人可以二十四小時阻街抗議

B. 港人擁有示威和遊行的自由

C. 示威和遊行毋須申請

7. 中華人民共和國籍與非中華人民共和國籍的香港居民，在政治權利上有何分別？

A. 當觸犯刑法時，持有中國籍的人士可避過刑罰。

B. 分別在於能不能參與管理國家事務

C. 沒有分別

8. 以下哪些職級的官員，必須由在外國無居留權的香港特區永久性居民中的中國公民擔任？

(1)各司司長

(2)立法會議員

(3)高等法院法官

(4)廉政專員

A. (2)、(3)和(4)

B. (1)、(4)

C. (1)、(2)和(3)

9. 為什麼特區主要官員必須由在外國無居留權的香港永久性居民中的中華人民共和國公民擔任？

A. 因為自己人做事較可靠

B. 不相信外籍人士的能力

C. 體現主權，合乎「港人治港」的原則。

10. 《基本法》中對中央政府與香港特區相關部門隸屬關係的規定為：

A. 相互各不隸屬的關係

B. 遠親和近鄰的關係

C. 上下級的從屬關係

11. 根據《基本法》，擬定並提出法案、議案、附屬法規應由哪個部門完成？

A. 香港特別行政區政府

B. 香港法律改革委員會

C. 立法會秘書處

12. 根據《基本法》，特區政府的律政司之主要工作為：

A. 草擬法律

B. 接受市民申請法援

C. 刑事檢察

13. 中華人民共和國銀行會不會干預本港金管局的運作？

A. 有權干預

B. 不會干預

C. 當金管局管理不善時，中華人民共和國銀行才作考慮。

14. 人民幣會不會取代港元的地位？

A. 會

B. 不會

C. 一旦港元的浮動過大的時候，人民幣才會取代港元地位。

15. 《基本法》對香港的宗教組織、宗教界人士和內地宗教團體之相互往來,作出何種處理?

A. 可相互往來,並作學術交流。

B. 可作禮節性拜訪,但不可互傳經義。

C. 可以互傳經義,並互封聖號或佛號。

測試九答案:

1. A   2. C   3. C   4. A   5. A
6. B   7. B   8. B   9. C   10. A
11. A   12. C   13. B   14. B   15. A

測試十

全卷共 15 題，考生須於 20 分鐘內完成。

1. 《基本法》共有多少條？

A. 140

B. 160

C. 180

2. 《基本法》內有多少個附件？

A. 1個

B. 3個

C. 5個

3. 解放軍駐港部隊的主要職責是：

A. 調查案件

B. 維持治安

C. 負責香港特別行政區的防務工作

4. 誰任命香港特區首長和行政機關的主要官員？

A. 中國國家領導人

B. 中央人民政府

C. 立法會

5. 《基本法》對結社自由的規定是：

A. 港人擁有結社的自由

B. 結社不需要登記註冊

C. 港人可以參加非法社團

6. 《基本法》對港人罷工的規定是：

A. 港人可以罷工，並四出破壞。

B. 港人可以威脅工友參加罷工

C. 港人擁有罷工的權利

7. 根據《基本法》，律政司的刑事檢察工作包括：

A. 還押罪成的犯人

B. 行使截停及搜查的權力

C. 向疑犯提刑事訴訟

8. 根據《基本法》，下列哪項是香港特區政府的責任？

(1)執行立法會通過並已生效的法律

(2)定期向立法會作施政報告

(3)答覆立法會議員的質詢

(4)按民生需要調動立法會的議程

A. (1)和(2)

B. (3)和(4)

C. (1)、(2)和(3)

9. 根據《基本法》，香港碼由行政機關設立諮詢組織的制度會繼續保留，請問以下哪個是諮詢組織的制度？

A. 電影顧問小組

B. 立法會議員提出私人議案

C. 公眾諮詢

10. 根據《基本法》，香港的諮詢組織的制度包括：

A. 選舉委員會

B. 審裁小組（管制淫褻及不雅物品）

C. 市政局、行政會議

11. 立法會全體議員的非中華人民共和國國籍和有外國居留權的議員百分率應該是多少？

A. 百分之二十

B. 百分之三十

C. 百分之五十

12. 有人表示：「非中國籍的香港永久性居民，以及在外國有居留權的香港永久性居民，都不可以成為香港立法會議員。」請問這種說法是否對嗎？

A. 對

B. 不對

C. 可按情況斟情處理

13. 香港資金進出有沒有受到限制？

A. 有限制

B. 未有受到限制

C. 中央政府正在草擬有關草案

14. 本港原有或未來擁有私人財產者，主要受到哪些法規保護？

A. 《基本法》第一百零五條

B. 香港房地產法

C. 香港私有財產法

15. 《基本法》對於宗教組織在香港特別行政區所舉辦的學校，作出何種規定？

A. 可繼續提供原有的宗教教育，但不可以開設新宗教課程。

B. 可提供宗教教育課程

C. 要逐步停止宗教課程

測試十答案：
1. B　2. B　3. C　4. B　5. A
6. C　7. A　8. C　9. B　10. A
11. A　12. B　13. B　14. A　15. B

測試十一

全卷共 15 題，考生須於 20 分鐘內完成。

1. 根據中國《憲法》第三十一條列明，國家於必要時得設立什麼？

A. 特別行政區

B. 軍隊

C. 核彈基地

2. 國家按照何種規定，成立香港特別行政區，並根據「一國兩制」之方針，於香港實行資本主義政策和制度？

A. 中華人民共和國憲法第三十一條

B. 中華人民共和國憲法第三十二條

C. 中華人民共和國憲法第三十三條

3. 中央人民政府如何確立行政長官？

A. 委任

B. 提名

C. 任命

4. 中央人民政府是按照《基本法》第幾章的規定，去任命香港特首？

A. 第一章

B. 第四章

C. 第七章

5. 《基本法》對香港居民組織工會的規定是：

A. 組織工會只限聯誼性質

B. 港人擁有組織工會的權利

C. 《基本法》沒有列明

6. 《基本法》中規定，香港居民可以享有下列哪種自由？

A. 人身自由不會受到侵犯

B. 可以用區徽作商標的自由

C. 破壞公物及政府機構的自由

7. **根據《基本法》列明，以下哪一項屬於成為立法會議員的必備條件？**

A. 必須是香港特區的永久性居民

B. 沒有外國居留權

C. 屬於中國公民

8. **香港立法會議員的產生方法為：**

A. 面試

B. 選舉

C. 委任

9. **香港特區立法會的任期為多少年？（撇除首屆立法會不計）**

A. 兩年

B. 四年

C. 五年

10. 假如行政長官認為立法會通過的法案並不合乎香港特區的整體利益，其可在多少個月內將法案發回立法會重議？

A. 一個月

B. 三個月

C. 半年

11. 香港特區立法會一旦經行政長官解散，特區政府必須於_____內自行選舉產生？

A. 一個月

B. 三個月

C. 半年

12. 假如立法會議員在香港特區或境外被裁定干犯刑事罪行，在何種情況下將由立法會主席宣告涉事者喪失議員資格？

A. 被判處監禁一個月以上，並經行政長官批准即可解除涉事議員的職務。

B. 被判處監禁一個月以上，並由立法會出席會議的議員三分之二通過解除其職務。

C. 被判處監禁三個月以上，即可解除涉事議員的職務。

13. 以下哪項並非《基本法》中對港幣發行的權力規定？

A. 港幣的發行權乃屬於香港特別行政區政府所有

B. 香港的銀行獲特區政府授權，可以在港發行港幣。

C. 人民幣乃香港特別行政區的法定貨幣，並與港幣一同在市面流通。

14. 香港特別行政區應當如何處理特區的財政收入？

A. 必須把庫房收入中百分之十，上繳中央人民政府。

B. 必須把庫房收入中百分之十五，上繳中央人民政府。

C. 全部用於自身需要，不用上繳中央人民政府。

15. 根據《基本法》，香港特別行政區目前對宗教組織接受各界人士或機構資助，作出何種規定？

A. 可自由上街進行募捐

B. 可以接受資助

C. 《基本法》沒有列明

測試十一答案：

1. A 2. A 3. C 4. B 5. B

6. A 7. A 8. B 9. B 10. B

11. B 12. B 13. C 14. C 15. B

測試十二

全卷共 15 題，考生須於 20 分鐘內完成。

1. 「香港特別行政區是中華人民共和國不可分離的部分」是刊載於《基本法》內第幾條？

A. 第一條

B. 第十一條

C. 第二十一條

2. **以下哪項是《基本法》對香港司法權的規定之正確描述？**

A. 香港特別行政區擁有獨立的司法權

B. 如要行使司法權，必須得到中央批准。

C. 由行政長官行使司法權

3. **由香港特別行政區的立法機關所制定的法律，是須報以下哪一個組織以作備案？**

A. 國務院

B. 終審法院

C. 全國人民代表大會常務委員會

4. 假如在香港特別行政區行使全國法律，是需要符合以下哪些規定？

A. 國家整體利益

B. 除《基本法》所載的六項全國性法律外，如遇戰爭和動亂，中央可發布命令在本港實行全國性法律。

C. 國家安全

5. 《基本法》對香港居民的通訊自由的規定是：

A. 通訊自由屬中央政府所有

B. 通訊自由受到法律的保障

C. 《基本法》沒有列明

6. 《基本法》起草委員會首次全體會議於什麼時候舉行？

A. 1985年7月1日

B. 1985年10月1日

C. 1985年10月10日

7. 根據《基本法》，假如香港特區立法會議員作出行為不檢的行為，又或者違反誓言而經立法會出席會議議員三分二通過譴責後，可作出怎樣的處理？

A. 自動免除其立法會議員的身份

B. 由立法會主席宣告其喪失議員資格

C. 經由行政長官批准，有關人士即會喪失立法會議員的資格。

8. 香港特別行政區立法會主席是經由何種方法產生？

A. 立法會議員互選產生

B. 行政長官委任

C. 行政長官推薦

9. 香港特區立法會議員一旦有破產，又或者經法庭裁定償還債務而不履行的話，會由誰宣告其喪失議員資格？

A. 行政長官

B. 終審庭首席法官

C. 立法會主席

10. 以下哪項是立法會主席行使的職權？

A. 在休會期間可召開特別會議

B. 決定開會日期

C. 議員提出議案優先列入議程

11. 以下哪項不包括在立法會的職權之內？

A. 批准稅收和公共開支

B. 審核財政預算

C. 賦予面斥政府人員的權力

12. 以下哪項並非立法會的權力？

A. 批准施政報告

B. 批准稅收

C. 制定法律

13. 香港特別行政區的外匯基金，由哪個機構管理和支配，其主要作用又是什麼？

A. 由香港特別行政區政府管理和支配，主要作用為調節港元匯價。

B. 由香港特別行政區政府管理和支配，主要作用為確保聯繫匯率。

C. 由金融管理局管理和支配，主要作用為確保聯繫匯率。

14. 根據《基本法》第一百一十五條，香港特別行政區實行自由貿易政策，為的是要保障以下哪一項東西？

(1)資金的流動自由

(2)貨物的流動自由

(3)無形財產的流動自由

(4)資本的流動自由

A. (2)、(3)和(4)

B. (1)、(2)和(3)

C. (1)、(2)、(3)和(4)

15. 《基本法》對港人擁有的專業資格，作出何種規定？

A. 承認和保留原有資格

B. 舊的專業資格作廢

C. 港人必須重新考試

測試十二答案：

1. A 2. A 3. C 4. B 5. B
6. A 7. B 8. A 9. C 10. A
11. C 12. A 13. A 14. A 15. A

測試十三

全卷共 15 題，考生須於 20 分鐘內完成。

1. **《基本法》賦予香港特別行政區政府享有高度自治的權力，其具體表現在哪些方面？**

A. 具有行政管理、立法權、獨立的司法權和終審權

B. 港人生活方式永不改變

C. 港人續享言論自由

2. **下列哪一項不納入於香港特別行政區的自治權範圍內？**

A. 行政管理權

B. 立法權

C. 外交權

3. 如全國人大常委欲對《基本法》就香港實施的全國性法律進行增減，全國人大常委必須徵詢以下何種機構？

(1)國務院港澳辦

(2)基本法委員會

(3)香港特區政府

A. 只有(2)

B. (2)和(3)

C. (1)和(2)

4. 於香港特別行政區實施全國性法律的步驟為：

A. 香港特區在香港公布或立法實施

B. 由立法會制定相關法律，並交由人大公布。

C. 由人大公布，特區首長公布予以實施。

5. 《基本法》中對回歸後香港居民移民外國的規定是：

A. 港人擁有移民外國的自由

B. 港人擁有移民外國的自由受到限制

C. 須向保安局申請

6. 《基本法》對香港居民出入境的規定是:

A. 港人享有出入境的自由

B. 港人出入境只限持有特區護照

C. 出入境受到中央監控

7. 以下哪一項並不是立法會所能行使的職權範圍?

A. 接受香港居民的申訴,及進行處理。

B. 審批駐港部隊的經費開支

C. 批准稅收及公共部門的開支

8. 香港特別行政區的公共開支和政府徵稅,必須經由以下哪個部門的批准?

A. 全國人民代表大會

B. 立法會

C. 行政會議

9. 香港特區立法會議員提出法律草案，但凡涉及政府政策的時候，於提出前必須獲得誰的書面同意？

A. 立法會主席

B. 政務司司長

C. 特區行政長官

10. 在立法會的會議上，立法會議員在發言時，被賦予何種權利？

A. 法律上並不會被追究

B. 不會被彈劾

C. 《基本法》內沒有列明

11. 立法會議員在出席會議時和赴會中，可享有何種待遇？

A. 不受批評

B. 不受逮捕

C. 不被粗口問候

12. 對於有説法指出,立法會議員於立法會會議上發表言論,並不會受到法律追究。」説法是否正確?

A. 是

B. 不是

C. 視乎情況而定

13. 香港特別行政區可以依法徵用私人和法人財產,徵用財產的補償具體方案為:

A. 按照當時的價值折舊後的價值,以債券形式支付。

B. 按照當時的價值,折舊後的實際標準價值兌換。

C. 應相當於該財產的實際價值,可自由兌換。

14. 香港特區自行制定貨幣金融政策,按照法例進行管理及監督,保障了些什麼?

A. 保障金融企業在市場上不會受到政治的干涉

B. 保障金融企業和金融市場經營自由

C. 保障金融企業在國際營商市場的競爭地位

15. 香港特別行政區政府在申辦國際體育活動上，必須報請中央體育部並獲其批准嗎？

A. 必須辦理申請手續

B. 只要不用向國家申取經費便可

C. 只需要以「中華人民共和國香港」的名義申請，而不需要呈報。

測試十三答案：
1. A 2. C 3. B 4. C 5. A
6. A 7. B 8. B 9. C 10. A
11. B 12. A 13. C 14. B 15. C

《基本法》
條文內容

背景

在1984年12月19日，中英兩國政府簽署了《中華人民共和國政府和大不列顛及北愛爾蘭聯合王國政府關於香港問題的中英聯合聲明》（下稱《聯合聲明》），當中載明中華人民共和國對香港的基本方針政策。根據"一國兩制"的原則，香港特別行政區不會實行社會主義制度和政策，香港原有的資本主義制度和生活方式，保持五十年不變。根據《聯合聲明》，這些基本方針政策將會規定於香港特別行政區基本法內。

《中華人民共和國香港特別行政區基本法》（下稱《基本法》）在1990年4月4日經中華人民共和國第七屆全國人民代表大會（下稱全國人民代表大會）通過，並已於1997年7月1日生效。

有關文件

《基本法》是香港特別行政區的憲制性文件，它以法律的形式，訂明"一國兩制"、"高度自治"和"港人治港"等重要理念，亦訂明了在香港特別行政區實行的各項制度。

《基本法》包括以下章節：

(a) 《基本法》正文，包括九個章節，160 條條文；

(b) 附件一，訂明香港特別行政區行政長官的產生辦法；

(c) 附件二，訂明香港特別行政區立法會的產生辦法和表決程序；及

(d) 附件三，列明在香港特別行政區實施的全國性法律。

起草過程

負責起草《基本法》的委員會，成員包括了香港和內地人士。而在1985年成立的基本法諮詢委員會，成員則全屬香港人士，他們負責在香港徵求公眾對基本法草案的意見。

1988 年4 月，基本法起草委員會公布首份草案，基本法諮詢委員會隨即進行為期五個月的諮詢公眾工作。第二份草案在1989 年2 月公布，諮詢工作則在1989 年10 月結束。《基本法》連同香港特別行政區區旗和區徽圖案，由全國人民代表大會於1990 年4 月4 日正式頒布。

香港特別行政區的藍圖

《基本法》為香港特別行政區勾劃了發展藍圖。下文載述中華人民共和國對香港特別行政區的基本方針政策的主要條文。

總則

- 香港特別行政區實行高度自治，享有行政管理權、立法權、獨立的司法權和終審權。（參考《基本法》第2 條）
- 香港特別行政區的行政機關和立法機關由香港永久性居民組成。（參考《基本法》第3 條）
- 香港特別行政區不實行社會主義制度和政策，保持原有的資本主義制度和生活方式，五十年不變。（參考《基本法》第5 條）
- 香港原有法律，即普通法、衡平法、條例、附屬立法和習慣法，除同《基本法》相抵觸或經香港特別行政區的立法機關作出修改者外，予以保留。（參考《基本法》第8 條）

中央和香港特別行政區的關係

- 中央人民政府負責管理香港特別行政區的防務和外交事務。（參考《基本法》第13至14條）
- 中央人民政府授權香港特別行政區自行處理有關的對外事務。（參考《基本法》第13條）
- 香港特別行政區政府負責維持香港特別行政區的社會治安。（參考《基本法》第14條）
- 全國性法律除列於《基本法》附件三者外，不在香港特別行政區實施。任何列於附件三的法律，限於有關國防、外交和其他不屬於香港特別行政區自治範圍的法律。凡列於附件三的法律，由香港特別行政區在當地公佈或立法實施。（參考《基本法》第18條）
- 中央人民政府所屬各部門、各省、自治區、直轄市均不得干預香港特別行政區根據《基本法》自行管理的事務。（參考《基本法》第22條）

保障權利和自由

- 香港特別行政區依法保護私有財產權。（參考《基本法》第6條）
- 香港居民在法律面前一律平等。香港特別行政區永久性居民依法享有選舉權和被選舉權。（參考《基本法》第25至26條）
- 香港居民的人身自由不受侵犯。（參考《基本法》第28條）
- 香港居民享有言論、新聞、出版的自由，結社、集會、遊行、示威、通訊、遷徙、信仰、宗教和婚姻自由，以及組織和參加工會、罷工的權利和自由。（參考《基本法》第27至38條）
- 《公民權利和政治權利國際公約》、《經濟、社會與文化權利的國際公約》和國際勞工公約適用於香港的有關規定繼續有效，通過香港特別行政區的法律予以實施。（參考《基本法》第39條）

政治體制

行政機關

* 香港特別行政區行政長官由年滿四十周歲,在香港通常居住連續滿二十年並在外國無居留權的香港特別行政區永久性居民中的中國公民擔任。(參考《基本法》第44條)

* 香港特別行政區行政長官在當地通過選舉或協商產生,由中央人民政府任命。行政長官的產生辦法根據香港特別行政區的實際情況和循序漸進的原則而規定,最終達至由一個有廣泛代表性的提名委員會按民主程序提名後普選產生的目標。(參考《基本法》第45條)

* 香港特別行政區政府必須遵守法律,對香港特別行政區立法會負責:執行立法會通過並已生效的法律;定期向立法會作施政報告;答覆立法會議員的質詢;徵稅和公共開支須經立法會批准。(參考《基本法》第64條)

立法機關

* 香港特別行政區立法會由選舉產生。立法會的產生辦法根據香港特別行政區的實際情況和循序漸進的原則而規定,最終達至全部議員由普選產生的目標。(參考《基本法》第68條)

* 香港特別行政區立法會的職權主要包括:

* 制定、修改和廢除法律;

* 根據政府的提案,審核、通過財政預算;

* 批准稅收和公共開支;

* 對政府的工作提出質詢;

* 就任何有關公共利益問題進行辯論;

* 同意終審法院法官和高等法院首席法官的任免。(參考《基本法》第73條)

司法機關

- 香港特別行政區的終審權屬於香港特別行政區終審法院。終審法院可根據需要邀請其他普通法適用地區的法官參加審判。（參考《基本法》第82條）

- 香港特別行政區法院獨立進行審判，不受任何干涉。（參考《基本法》第85條）

- 原在香港實行的陪審制度的原則予以保留。任何人在被合法拘捕後，享有盡早接受司法機關公正審判的權利，未經司法機關判罪之前均假定無罪。（參考《基本法》第86至87條）

- 香港特別行政區可與中華人民共和國其他地區的司法機關通過協商依法進行司法方面的聯繫和相互提供協助。在中央人民政府協助或授權下，香港特別行政區政府可與外國就司法互助關係作出適當安排。（參考《基本法》第95至96條）

經濟

- 香港特別行政區保持自由港、單獨的關稅地區和國際金融中心的地位，繼續開放外匯、黃金、證券、期貨等市場和維持資金流動自由。（參考《基本法》第109/112/114/116條）

- 港元為香港特別行政區法定貨幣，繼續流通。港幣的發行權屬於香港特別行政區政府。（參考《基本法》第111條）

- 香港特別行政區實行自由貿易政策，保障貨物、無形財產和資本的流動自由。（參考《基本法》第115條）

- 香港特別行政區經中央人民政府授權繼續進行船舶登記，並以 " 中國香港 " 的名義頒發有關證件。香港特別行政區的私營航運及與航運有關的企業，可繼續自由經營。（參考《基本法》第125/127條）

- 香港特別行政區繼續實行原在香港實行的民用航空管理制度，並設置自己的飛機登記冊。香港特別行政區在中央人民政府的

授權下，可與外國或地區談判簽訂民用航空運輸協定。（參考
《基本法》第129 至134 條）

教育、科學、文化、體育、宗教、勞工和社會服務

* 香港特別行政區自行制定有關發展和改進教育、科學技術、文化、體育、社會福利和勞工的政策。（參考《基本法》第136至147 條）
* 香港特別行政區的教育、科學、技術、文化、藝術、體育、專業、醫療衛生、勞工、社會福利、社會工作等方面的民間團體和宗教組織可同世界各國、各地區及國際的有關團體和組織保持和發展關係，各該團體和組織可根據需要冠用〞中國香港〞的名義，參與有關活動。（參考《基本法》第149 條）

對外事務

* 香港特別行政區可在經濟、貿易、金融、航運、通訊、旅遊、文化、體育等領域以〞中國香港〞的名義，單獨地同世界各國、各地區及有關國際組織保持和發展關係，簽訂和履行有關協議。（參考《基本法》第151 條）
* 對以國家為單位參加的、同香港特別行政區有關的、適當領域的國際組織和國際會議，香港特別行政區政府可派遣代表作為中華人民共和國代表團的成員或以中央人民政府和上述有關國際組織或國際會議允許的身份參加，並以〞中國香港〞的名義發表意見。香港特別行政區可以〞中國香港〞的名義參加不以國家為單位參加的國際組織和國際會議。（參考《基本法》第152 條）

- 中華人民共和國締結的國際協議，中央人民政府可根據香港特別行政區的情況和需要，在徵詢香港特別行政區政府的意見後，決定是否適用於香港特別行政區。中華人民共和國尚未參加但已適用於香港的國際協議仍可繼續適用。中央人民政府根據需要授權或協助香港特別行政區政府作出適當安排，使其他有關國際協議適用於香港特別行政區。（參考《基本法》第153條）

基本法的解釋和修改

- 基本法》的解釋權屬於全國人民代表大會常務委員會。全國人民代表大會常務委員會授權香港特別行政區法院在審理案件時對《基本法》關於香港特別行政區自治範圍內的條款自行解釋。香港特別行政區法院在審理案件時對《基本法》的其他條款也可解釋。但如香港特別行政區法院在審理案件時需要對《基本法》關於中央人民政府管理的事務或中央和香港特別行政區關係的條款進行解釋，而該條款的解釋又影響到案件的判決，在對該案件作出不可上訴的終局判決前，應由香港特別行政區終審法院請全國人民代表大會常務委員會對有關條款作出解釋。（參考《基本法》第158條）
- 基本法》的修改權屬於全國人民代表大會。《基本法》的任何修改，均不得同中華人民共和國對香港既定的基本方針政策相抵觸。（參考《基本法》第159條）

中華人民共和國主席令

第二十六號

《中華人民共和國香港特別行政區基本法》，包括附件一：《香港特別行政區行政長官的產生辦法》，附件二：《香港特別行政區立法會的產生辦法和表決程序》，附件三：《在香港特別行政區實施的全國性法律》，以及香港特別行政區區旗、區徽圖案，已由中華人民共和國第七屆全國人民代表大會第三次會議於 1990 年 4 月4 日通過，現予公佈，自 1997 年 7 月1 日起實施。

中華人民共和國主席　楊尚昆

1990年 4 月4 日

中華人民共和國香港特別行政區基本法 *

(1990年4月4日第七屆全國人民代表大會第三次會議通過，1990年4月4日中華人民共和國主席令第二十六號公布，自1997年7月1日起施行)

註：
* 請同時參閱 -
a. 《全國人民代表大會關於〈中華人民共和國香港特別行政區基本法〉的決定》(1990年 4 月 4 日第七屆全國人民代表大會第三次會議通過)(見文件九) 及
b. 《全國人民代表大會常務委員會關於〈中華人民共和國香港特別行政區基本法〉英文本的決定》(1990 年 6 月 28 日通過)(見文件十四)

第一章：總則

第一條

香港特別行政區是中華人民共和國不可分離的部分。

第二條

全國人民代表大會授權香港特別行政區依照本法的規定實行高度自治，享有行政管理權、立法權、獨立的司法權和終審權。

第三條

香港特別行政區的行政機關和立法機關由香港永久性居民依照本法有關規定組成。

第四條

香港特別行政區依法保障香港特別行政區居民和其他人的權利和自由。

第五條

香港特別行政區不實行社會主義制度和政策，保持原有的資本主義制度和生活方式，五十年不變。

第六條

香港特別行政區依法保護私有財產權。

第七條

香港特別行政區境內的土地和自然資源屬於國家所有，由香港特別行政區政府負責管理、使用、開發、出租或批給個人、法人或團體使用或開發，其收入全歸香港特別行政區政府支配。

第八條

香港原有法律，即普通法、衡平法、條例、附屬立法和習慣法，除同本法相抵觸或經香港特別行政區的立法機關作出修改者外，予以保留。

第九條

香港特別行政區的行政機關、立法機關和司法機關，除使用中文外，還可使用英文，英文也是正式語文。

第十條

香港特別行政區除懸掛中華人民共和國國旗和國徽外，還可使用香港特別行政區區旗和區徽。

香港特別行政區的區旗是五星花蕊的紫荊花紅旗。

香港特別行政區的區徽，中間是五星花蕊的紫荊花，周圍寫有"中華人民共和國香港特別行政區"和英文"香港"。

第十一條

根據中華人民共和國憲法第三十一條，香港特別行政區的制度和政策，包括社會、經濟制度，有關保障居民的基本權利和自由的制度，行政管理、立法和司法方面的制度，以及有關政策，均以本法的規定為依據。

香港特別行政區立法機關制定的任何法律，均不得同本法相抵觸。

第二章：中央和香港特別行政區的關係

第十二條

香港特別行政區是中華人民共和國的一個享有高度自治權的地方行政區域，直轄於中央人民政府。

第十三條

中央人民政府負責管理與香港特別行政區有關的外交事務。

中華人民共和國外交部在香港設立機構處理外交事務。

中央人民政府授權香港特別行政區依照本法自行處理有關的對外事務。

第十四條

中央人民政府負責管理香港特別行政區的防務。

香港特別行政區政府負責維持香港特別行政區的社會治安。

中央人民政府派駐香港特別行政區負責防務的軍隊不干預香港特別行政區的地方事務。香港特別行政區政府在必要時，可向中央人民政府請求駐軍協助維持社會治安和救助災害。

駐軍人員除須遵守全國性的法律外，還須遵守香港特別行政區的法律。

駐軍費用由中央人民政府負擔。

第十五條

中央人民政府依照本法第四章的規定任命香港特別行政區行政長官和行政機關的主要官員。

第十六條

香港特別行政區享有行政管理權，依照本法的有關規定自行處理香港特別行政區的行政事務。

第十七條

香港特別行政區享有立法權。

香港特別行政區的立法機關制定的法律須報全國人民代表大會常務委員會備案。備案不影響該法律的生效。

全國人民代表大會常務委員會在徵詢其所屬的香港特別行政區基本法委員會後，如認為香港特別行政區立法機關制定的任何法律不符合本法關於中央管理的事務及中央和香港特別行政區的關係的條款，可將有關法律發回，但不作修改。經全國人民代表大會常務委員會發回的法律立即失效。該法律的失效，除香港特別行政區的法律另有規定外，無溯及力。

第十八條

在香港特別行政區實行的法律為本法以及本法第八條規定的香港原有法律和香港特別行政區立法機關制定的法律。

全國性法律除列於本法附件三者外，不在香港特別行政區實施。凡列於本法附件三之法律，由香港特別行政區在當地公布或立法實施。

全國人民代表大會常務委員會在徵詢其所屬的香港特別行政區基本法委員會和香港特別行政區政府的意見後，可對列於本法附件三的法律作出增減，任何列入附件三的法律，限於有關國防、外交和其他按本法規定不屬於香港特別行政區自治範圍的法律。

全國人民代表大會常務委員會決定宣佈戰爭狀態或因香港特別行政區內發生香港特別行政區政府不能控制的危及國家統一或安全的動亂而決定香港特別行政區進入緊急狀態，中央人民政府可發佈命令將有關全國性法律在香港特別行政區實施。

第十九條

香港特別行政區享有獨立的司法權和終審權。

香港特別行政區法院除繼續保持香港原有法律制度和原則對法院審判權所作的限制外，對香港特別行政區所有的案件均有審判權。

香港特別行政區法院對國防、外交等國家行為無管轄權。香港特別行政區法院在審理案件中遇有涉及國防、外交等國家行為的事實問題，應取得行政長官就該等問題發出的證明文件，上述文件對法院有約束力。行政長官在發出證明文件前，須取得中央人民政府的證明書。

第二十條

香港特別行政區可享有全國人民代表大會和全國人民代表大會常務委員會及中央人民政府授予的其他權力。

第二十一條

香港特別行政區居民中的中國公民依法參與國家事務的管理。

根據全國人民代表大會確定的名額和代表產生辦法，由香港特別行政區居民中的中國公民在香港選出香港特別行政區的全國人民代表大會代表，參加最高國家權力機關的工作。

第二十二條

中央人民政府所屬各部門、各省、自治區、直轄市均不得干預香港特別行政區根據本法自行管理的事務。

中央各部門、各省、自治區、直轄市如需在香港特別行政區設立機構，須徵得香港特別行政區政府同意並經中央人民政府批准。

中央各部門、各省、自治區、直轄市在香港特別行政區設立的一切機構及其人員均須遵守香港特別行政區的法律。

*中國其他地區的人進入香港特別行政區須辦理批准手續，其中進入香港特別行政區定居的人數由中央人民政府主管部門徵求香港特別行政區政府的意見後確定。

香港特別行政區可在北京設立辦事機構。

第二十三條

香港特別行政區應自行立法禁止任何叛國、分裂國家、煽動叛亂、顛覆中央人民政府及竊取國家機密的行為，禁止外國的政治性組織或團體在香港特別行政區進行政治活動，禁止香港特別行政區的政治性組織或團體與外國的政治性組織或團體建立聯繫。

註 * 參閱《全國人民代表大會常務委員會關於〈中華人民共和國香港特別行政區基本法〉第二十二條第四款和第二十四條第二款第（三）項的解釋》(1999 年 6 月 26 日第九屆全國人民代表大會常務委員會第十次會議通過)(見文件十七)

第三章：居民的基本權利和義務

第二十四條

香港特別行政區居民，簡稱香港居民，包括永久性居民和非永久性居民。

香港特別行政區永久性居民為：

(一)　　在香港特別行政區成立以前或以後在香港出生的中國公民;

(二)　　在香港特別行政區成立以前或以後在香港通常居住連續七年以上的中國公民;

*(三)　　第(一)、(二) 兩項所列居民在香港以外所生的中國籍子女;

(四)　　在香港特別行政區成立以前或以後持有效旅行證件進入香港、在香港通常居住連續七年以上並以香港為永久居住地的非中國籍的人；

(五)　　在香港特別行政區成立以前或以後第(四) 項所列居民在香港所生的未滿二十一周歲的子女;

(六)　　第(一) 至(五) 項所列居民以外在香港特別行政區成立以前只在香港有居留權的人。

以上居民在香港特別行政區享有居留權和有資格依照香港特別行政區法律取得載明其居留權的永久性居民身份證。

香港特別行政區非永久性居民為：有資格依照香港特別行政區法律取得香港居民身份證，但沒有居留權的人。

第二十五條

香港居民在法律面前一律平等。

第二十六條

香港特別行政區永久性居民依法享有選舉權和被選舉權。

第二十七條

香港居民享有言論、新聞、出版的自由，結社、集會、遊行、示威的自由，組織和參加工會、罷工的權利和自由。

第二十八條

香港居民的人身自由不受侵犯。

香港居民不受任意或非法逮捕、拘留、監禁。禁止任意或非法搜查居民的身體、剝奪或限制居民的人身自由。禁止對居民施行酷刑、任意或非法剝奪居民的生命。

第二十九條

香港居民的住宅和其他房屋不受侵犯。禁止任意或非法搜查、侵入居民的住宅和其他房屋。

第三十條

香港居民的通訊自由和通訊秘密受法律的保護。除因公共安全和追查刑事犯罪的需要，由有關機關依照法律程序對通訊進行檢查外，任何部門或個人不得以任何理由侵犯居民的通訊自由和通訊秘密。

第三十一條

香港居民有在香港特別行政區境內遷徙的自由，有移居其他國家和地區的自由。香港居民有旅行和出入境的自由。有效旅行證件的持有人，除非受到法律制止，可自由離開香港特別行政區，無需特別批准。

第三十二條

香港居民有信仰的自由。

香港居民有宗教信仰的自由，有公開傳教和舉行、參加宗教活動的自由。

第三十三條

香港居民有選擇職業的自由。

第三十四條

香港居民有進行學術研究、文學藝術創作和其他文化活動的自由。

第三十五條

香港居民有權得到秘密法律諮詢、向法院提起訴訟、選擇律師及時保護自己的合法權益或在法庭上為其代理和獲得司法補救。

香港居民有權對行政部門和行政人員的行為向法院提起訴訟。

第三十六條

香港居民有依法享受社會福利的權利。勞工的福利待遇和退休保障受法律保護。

第三十七條

香港居民的婚姻自由和自願生育的權利受法律保護。

第三十八條

香港居民享有香港特別行政區法律保障的其他權利和自由。

第三十九條

《公民權利和政治權利國際公約》、《經濟、社會與文化權利的國際公約》和國際勞工公約適用於香港的有關規定繼續有效,通過香港特別行政區的法律予以實施。

香港居民享有的權利和自由,除依法規定外不得限制,此種限制不得與本條第一款規定抵觸。

第四十條

"新界"原居民的合法傳統權益受香港特別行政區的保護。

第四十一條

在香港特別行政區境內的香港居民以外的其他人,依法享有本章規定的香港居民的權利和自由。

第四十二條

香港居民和在香港的其他人有遵守香港特別行政區實行的法律的義務。

註:*參閱《全國人民代表大會常務委員會關於〈中華人民共和國香港特別行政區基本法〉第二十二條第四款和第二十四條第二款第(三)項的解釋》(1999年6月26日第九屆全國人民代表大會常務委員會第十次會議通過)(見文件十七)

第四章:政治體制

第一節:行政長官

第四十三條

香港特別行政區行政長官是香港特別行政區的首長,代表香港特別行政區。

香港特別行政區行政長官依照本法的規定對中央人民政府和香港特別行政區負責。

第四十四條

香港特別行政區行政長官由年滿四十周歲,在香港通常居住連續滿二十年並在外國無居留權的香港特別行政區永久性居民中的中國公民擔任。

第四十五條

香港特別行政區行政長官在當地通過選舉或協商產生,由中央人民政府任命。

行政長官的產生辦法根據香港特別行政區的實際情況和循序漸進的原則而規定,最終達至由一個有廣泛代表性的提名委員會按民主程序提名後普選產生的目標。

行政長官產生的具體辦法由附件一《香港特別行政區行政長官的產生辦法》規定。

第四十六條

香港特別行政區行政長官任期五年,可連任一次。

第四十七條

香港特別行政區行政長官必須廉潔奉公、盡忠職守。

行政長官就任時應向香港特別行政區終審法院首席法官申報財產,記錄在案。

第四十八條

香港特別行政區行政長官行使下列職權:

(一)　　領導香港特別行政區政府;

(二)　　負責執行本法和依照本法適用於香港特別行政區的其他法律;

(三)　　簽署立法會通過的法案,公布法律;
　　　　簽署立法會通過的財政預算案,將財政預算、決算報中央人民政府備案;

(四)　　決定政府政策和發布行政命令;

(五)　　提名並報請中央人民政府任命下列主要官員:各司司長、副司長,各局局長,廉政專員,審計署署長,警務處處長,入境事務處處長,海關關長;建議中央人民政府免除上述官員職務;

（六）　　依照法定程序任免各級法院法官；

（七）　　依照法定程序任免公職人員；

（八）　　執行中央人民政府就本法規定的有關事務發出的指令；

（九）　　代表香港特別行政區政府處理中央授權的對外事務和其他事務；

（十）　　批准向立法會提出有關財政收入或支出的動議；

（十一）根據安全和重大公共利益的考慮，決定政府官員或其他負責政府公務的人員是否向立法會或其屬下的委員會作證和提供證據；

（十二）赦免或減輕刑事罪犯的刑罰；

（十三）處理請願、申訴事項。

第四十九條

香港特別行政區行政長官如認為立法會通過的法案不符合香港特別行政區的整體利益，可在三個月內將法案發回立法會重議，立法會如以不少於全體議員三分之二多數再次通過原案，行政長官必須在一個月內簽署公佈或按本法第五十條的規定處理。

第五十條

香港特別行政區行政長官如拒絕簽署立法會再次通過的法案或立法會拒絕通過政府提出的財政預算案或其他重要法案，經協商仍不能取得一致意見，行政長官可解散立法會。

行政長官在解散立法會前，須徵詢行政會議的意見。行政長官在其一任任期內只能解散立法會一次。

第五十一條

香港特別行政區立法會如拒絕批准政府提出的財政預算案，行政長官可向立法會申請臨時撥款。如果由於立法會已被解散而不能批准撥款，行政長官可在選出新的立法會前的一段時期內，按上一財政年度的開支標準，批准臨時短期撥款。

第五十二條

香港特別行政區行政長官如有下列情況之一者必須辭職：

(一)　　因嚴重疾病或其他原因無力履行職務；

(二)　　因兩次拒絕簽署立法會通過的法案而解散立法會，重選的立法會仍以全體議員三分之二多數通過所爭議的原案，而行政長官仍拒絕簽署；

(三)　　因立法會拒絕通過財政預算案或其他重要法案而解散立法會，重選的立法會繼續拒絕通過所爭議的原案。

第五十三條

香港特別行政區行政長官短期不能履行職務時，由政務司長、財政司長、律政司長依次臨時代理其職務。

*行政長官缺位時，應在六個月內依本法第四十五條的規定產生新的行政長官。行政長官缺位期間的職務代理，依照上款規定辦理。

第五十四條

香港特別行政區行政會議是協助行政長官決策的機構。

第五十五條

香港特別行政區行政會議的成員由行政長官從行政機關的主要官員、立法會議員和社會人士中委任，其任免由行政長官決定。行政會議成員的任期應不超過委任他的行政長官的任期。

香港特別行政區行政會議成員由在外國無居留權的香港特別行政區永久性居民中的中國公民擔任。

行政長官認為必要時可邀請有關人士列席會議。

第五十六條

香港特別行政區行政會議由行政長官主持。

行政長官在作出重要決策、向立法會提交法案、制定附屬法規和解散立法會前，須徵詢行政會議的意見，但人事任免、紀律制裁和緊急情況下採取的措施除外。

行政長官如不採納行政會議多數成員的意見，應將具體理由記錄在案。

第五十七條

香港特別行政區設立廉政公署，獨立工作，對行政長官負責。

第五十八條

香港特別行政區設立審計署，獨立工作，對行政長官負責。

第二節：行政機關

第五十九條

香港特別行政區政府是香港特別行政區行政機關。

第六十條

香港特別行政區政府的首長是香港特別行政區行政長官。

香港特別行政區政府設政務司、財政司、律政司、和各局、處、署。

第六十一條

香港特別行政區的主要官員由在香港通常居住連續滿十五年並在外國無居留權的香港特別行政區永久性居民中的中國公民擔任。

第六十二條

香港特別行政區政府行使下列職權：

（一）　制定並執行政策；

（二）　管理各項行政事務；

（三）　辦理本法規定的中央人民政府授權的對外事務；

（四）　編制並提出財政預算、決算；

（五）　擬定並提出法案、議案、附屬法規；

（六）　委派官員列席立法會並代表政府發言。

第六十三條

香港特別行政區律政司主管刑事檢察工作，不受任何干涉。

第六十四條

香港特別行政區政府必須遵守法律，對香港特別行政區立法會負責：執行立法會通過並已生效的法律；定期向立法會作施政報告；答覆立法會議員的質詢；徵稅和公共開支須經立法會批准。

第六十五條

原由行政機關設立諮詢組織的制度繼續保留。

第三節：立法機關

第六十六條

香港特別行政區立法會是香港特別行政區的立法機關。

第六十七條

香港特別行政區立法會由在外國無居留權的香港特別行政區永久性居民中的中國公民組成。但非中國籍的香港特別行政區永久性居民和在外國有居留權的香港特別行政區永久性居民也可以當選為香港特別行政區立法會議員，其所佔比例不得超過立法會全體議員的百分之二十。

第六十八條

香港特別行政區立法會由選舉產生。

立法會的產生辦法根據香港特別行政區的實際情況和循序漸進的原則而規定，最終達至全部議員由普選產生的目標。

立法會產生的具體辦法和法案、議案的表決程序由附件二《香港特別行政區立法會的產生辦法和表決程序》規定。

第六十九條

香港特別行政區立法會除第一屆任期為兩年外，每屆任期四年。

第七十條

香港特別行政區立法會如經行政長官依本法規定解散，須於三個月內依本法第六十八條的規定，重行選舉產生。

第七十一條

香港特別行政區立法會主席由立法會議員互選產生。

香港特別行政區立法會主席由年滿四十周歲，在香港通常居住連續滿二十年並在外國無居留權的香港特別行政區永久性居民中的中國公民擔任。

第七十二條

香港特別行政區立法會主席行使下列職權：

（一）　主持會議；

（二）　決定議程，政府提出的議案須優先列入議程；

（三）　決定開會時間；

（四）　在休會期間可召開特別會議；

（五）　應行政長官的要求召開緊急會議；

（六）　立法會議事規則所規定的其他職權。

第七十三條

香港特別行政區立法會行使下列職權:

(一)	根據本法規定並依照法定程序制定、修改和廢除法律;
(二)	根據政府的提案,審核、通過財政預算;
(三)	批准稅收和公共開支;
(四)	聽取行政長官的施政報告並進行辯論;
(五)	對政府的工作提出質詢;
(六)	就任何有關公共利益問題進行辯論;
(七)	同意終審法院法官和高等法院首席法官的任免;
(八)	接受香港居民申訴並作出處理;
(九)	如立法會全體議員的四分之一聯合動議,指控行政長官有嚴重違法或瀆職行為而不辭職,經立法會通過進行調查,立法會可委托終審法院首席法官負責組成獨立的調查委員會,並擔任主席。調查委員會負責進行調查,並向立法會提出報告。如該調查委員會認為有足夠證據構成上述指控,立法會以全體議員三分之二多數通過,可提出彈劾案,報請中央人民政府決定;
(十)	在行使上述各項職權時,如有需要,可傳召有關人士出席作證和提供證據。

第七十四條

香港特別行政區立法會議員根據本法規定並依照法定程序提出法律草案,凡不涉及公共開支或政治體制或政府運作者,可由立法會議員個別或聯名提出。凡涉及政府政策者,在提出前必須得到行政長官的書面同意。

第七十五條

香港特別行政區立法會舉行會議的法定人數為不少於全體議員的二分之一。

立法會議事規則由立法會自行制定,但不得與本法相抵觸。

第七十六條

香港特別行政區立法會通過的法案，須經行政長官簽署、公佈，方能生效。

第七十七條

香港特別行政區立法會議員在立法會的會議上發言，不受法律追究。

第七十八條

香港特別行政區立法會議員出席會議時和赴會途中不受逮捕。

第七十九條

香港特別行政區立法會議員如有下列情況之一，由立法會主席宣告其喪失立法會議員的資格：

（一）　　因嚴重疾病或其他情況無力履行職務；

（二）　　未得到立法會主席的同意，連續三個月不出席會議而無合理解釋者；

（三）　　喪失或放棄香港特別行政區永久性居民的身份；

（四）　　接受政府的委任而出任公務人員；

（五）　　破產或經法庭裁定償還債務而不履行；

（六）　　在香港特別行政區區內或區外被判犯有刑事罪行，判處監禁一個月以上，並經立法會出席會議的議員三分之二通過解除其職務；

（七）　　行為不檢或違反誓言而經立法會出席會議的議員三分之二通過譴責。

第四節：司法機關

第八十條

香港特別行政區各級法院是香港特別行政區的司法機關，行使香港特別行政區的審判權。

第八十一條

香港特別行政區設立終審法院、高等法院、區域法院、裁判署法庭和其他專門法庭。高等法院設上訴法庭和原訟法庭。

原在香港實行的司法體制，除因設立香港特別行政區終審法院而產生變化外，予以保留。

第八十二條

香港特別行政區的終審權屬於香港特別行政區終審法院。終審法院可根據需要邀請其他普通法適用地區的法官參加審判。

第八十三條

香港特別行政區的各級法院的組織和職權由法律規定。

第八十四條

香港特別行政區法院依照本法第十八條所規定的適用於香港特別行政區的法律審判案件，其他普通法適用地區的司法判例可作參考。

第八十五條

香港特別行政區法院獨立進行審判，不受任何干涉，司法人員履行審判職責的行為不受法律追究。

第八十六條

原在香港實行的陪審制度的原則予以保留。

第八十七條

香港特別行政區的刑事訴訟和民事訴訟中保留原在香港適用的原則和當事人享有的權利。

任何人在被合法拘捕後，享有盡早接受司法機關公正審判的權利，未經司法機關判罪之前均假定無罪。

第八十八條

香港特別行政區法院的法官，根據當地法官和法律界及其他方面知名人士組成的獨立委員會推薦，由行政長官任命。

第八十九條

香港特別行政區法院的法官只有在無力履行職責或行為不檢的情況下，行政長官才可根據終審法院首席法官任命的不少於三名當地法官組成的審議庭的建議，予以免職。

香港特別行政區終審法院的首席法官只有在無力履行職責或行為不檢的情況下，行政長官才可任命不少於五名當地法官組成的審議庭進行審議，並可根據其建議，依照本法規定的程序，予以免職。

第九十條

香港特別行政區終審法院和高等法院的首席法官，應由在外國無居留權的香港特別行政區永久性居民中的中國公民擔任。

除本法第八十八條和第八十九條規定的程序外，香港特別行政區終審法院的法官和高等法院首席法官的任命或免職，還須由行政長官徵得立法會同意，並報全國人民代表大會常務委員會備案。

第九十一條

香港特別行政區法官以外的其他司法人員原有的任免制度繼續保持。

第九十二條

香港特別行政區的法官和其他司法人員，應根據其本人的司法和專業才能選用，並可從其他普通法適用地區聘用。

第九十三條

香港特別行政區成立前在香港任職的法官和其他司法人員均可留用，其年資予以保留，薪金、津貼、福利待遇和服務條件不低於原來的標準。
對退休或符合規定離職的法官和其他司法人員，包括香港特別行區成立前已退休或離職者，不論其所屬國籍或居住地點，香港特別行政區政府按不低於原來的標準，向他們或其家屬支付應得的退休金、酬金、津貼和福利費。

第九十四條

香港特別行政區政府可參照原在香港實行的辦法，作出有關當地和外來的律師在香港特別行政區工作和執業的規定。

第九十五條

香港特別行政區可與全國其他地區的司法機關通過協商依法進行司法方面的聯繫和相互提供協助。

第九十六條

在中央人民政府協助或授權下，香港特別行政區政府可與外國就司法互助關係作出適當安排。

第五節：區域組織

第九十七條

香港特別行政區可設立非政權性的區域組織，接受香港特別行政區政府就有關地區管理和其他事務的諮詢，或負責提供文化、康樂、環境衛生等服務。

第九十八條

區域組織的職權和組成方法由法律規定。

第六節：公務人員

第九十九條

在香港特別行政區政府各部門任職的公務人員必須是香港特別行政區永久性居民。本法第一百零一條對外籍公務人員另有規定者或法律規定某一職級以下者不在此限。

公務人員必須盡忠職守，對香港特別行政區政府負責。

第一百條

香港特別行政區成立前在香港政府各部門，包括警察部門任職的公務人員均可留用，其年資予以保留，薪金、津貼、福利待遇和服務條件不低於原來的標準。

第一百零一條

香港特別行政區政府可任用原香港公務人員中的或持有香港特別行政區永久性居民身份證的英籍和其他外籍人士擔任政府部門的各級公務人

員，但下列各職級的官員必須由在外國無居留權的香港特別行政區永久性居民中的中國公民擔任：各司司長、副司長，各局局長，廉政專員，審計署署長，警務處處長，入境事務處處長，海關關長。

香港特別行政區政府還可聘請英籍和其他外籍人士擔任政府部門的顧問，必要時並可從香港特別行政區以外聘請合格人員擔任政府部門的專門和技術職務。上述外籍人士只能以個人身份受聘，對香港特別行政區政府負責。

第一百零二條

對退休或符合規定離職的公務人員，包括香港特別行政區成立前退休或符合規定離職的公務人員，不論其所屬國籍或居住地點，香港特別行政區政府按不低於原來的標準向他們或其家屬支付應得的退休金、酬金、津貼和福利費。

第一百零三條

公務人員應根據其本人的資格、經驗和才能予以任用和提升，香港原有關於公務人員的招聘、僱用、考核、紀律、培訓和管理的制度，包括負責公務人員的任用、薪金、服務條件的專門機構，除有關給予外籍人員特權待遇的規定外，予以保留。

第一百零四條

香港特別行政區行政長官、主要官員、行政會議成員、立法會議員、各級法院法官和其他司法人員在就職時必須依法宣誓擁護中華人民共和國香港特別行政區基本法，效忠中華人民共和國香港特別行政區。

註：
* 參閱《全國人民代表大會常務委員會關於〈中華人民共和國香港特別行政區基本法〉第五十三條第二款的解釋》(2005 年 4 月 27 日第十屆全國人民代表大會常務委員會第十五次會議通過)(見文件二十)

第五章：經濟

第一節：財政、金融、貿易和工商業

第一百零五條

香港特別行政區依法保護私人和法人財產的取得、使用、處置和繼承的權利，以及依法徵用私人和法人財產時被徵用財產的所有人得到補償的權利。

徵用財產的補償應相當於該財產當時的實際價值，可自由兌換，不得無故遲延支付。

企業所有權和外來投資均受法律保護。

第一百零六條

香港特別行政區保持財政獨立。

香港特別行政區的財政收入全部用於自身需要，不上繳中央人民政府。

中央人民政府不在香港特別行政區徵稅。

第一百零七條

香港特別行政區的財政預算以量入為出為原則，力求收支平衡，避免赤字，並與本地生產總值的增長率相適應。

第一百零八條

香港特別行政區實行獨立的稅收制度。

香港特別行政區參照原在香港實行的低稅政策，自行立法規定稅種、稅率、稅收寬免和其他稅務事項。

第一百零九條

香港特別行政區政府提供適當的經濟和法律環境，以保持香港的國際金融中心地位。

第一百一十條

香港特別行政區的貨幣金融制度由法律規定。

香港特別行政區政府自行制定貨幣金融政策,保障金融企業和金融市場的經營自由,並依法進行管理和監督。

第一百一十一條

港元為香港特別行政區法定貨幣,繼續流通。

港幣的發行權屬於香港特別行政區政府。港幣的發行須有百分之百的準備金。港幣的發行制度和準備金制度,由法律規定。

香港特別行政區政府,在確知港幣的發行基礎健全和發行安排符合保持港幣穩定的目的的條件下,可授權指定銀行根據法定權限發行或繼續發行港幣。

第一百一十二條

香港特別行政區不實行外匯管制政策。港幣自由兌換。繼續開放外匯、黃金、證券、期貨等市場。

香港特別行政區政府保障資金的流動和進出自由。

第一百一十三條

香港特別行政區的外匯基金,由香港特別行政區政府管理和支配,主要用於調節港元匯價。

第一百一十四條

香港特別行政區保持自由港地位,除法律另有規定外,不徵收關稅。

第一百一十五條

香港特別行政區實行自由貿易政策,保障貨物、無形財產和資本的流動自由。

第一百一十六條

香港特別行政區為單獨的關稅地區。

香港特別行政區可以"中國香港"的名義參加《關稅和貿易總協定》、關於國際紡織品貿易安排等有關國際組織和國際貿易協定,包括優惠貿易安排。

香港特別行政區所取得的和以前取得仍繼續有效的出口配額、關稅優惠和達成的其他類似安排,全由香港特別行政區享有。

第一百一十七條

香港特別行政區根據當時的產地規則,可對產品簽發產地來源證。

第一百一十八條

香港特別行政區政府提供經濟和法律環境,鼓勵各項投資、技術進步並開發新興產業。

第一百一十九條

香港特別行政區政府制定適當政策,促進和協調製造業、商業、旅遊業、房地產業、運輸業、公用事業、服務性行業、漁農業等各行業的發展,並注意環境保護。

第二節:土地契約

第一百二十條

香港特別行政區成立以前已批出、決定、或續期的超越一九九七年六月三十日年期的所有土地契約和與土地契約有關的一切權利,均按香港特別行政區的法律繼續予以承認和保護。

第一百二十一條

從一九八五年五月二十七日至一九九七年六月三十日期間批出的，或原沒有續期權利而獲得續期的，超出一九九七年六月三十日年期而不超過二〇四七年六月三十日的一切土地契約，承租人從一九九七年七月一日起不補地價，但需每年繳納相當於當日該土地應課差餉租值百分之三的租金。此後，隨應課差餉租值的改變而調整租金。

第一百二十二條

原舊批約地段、鄉村屋地、丁屋地和類似的農村土地，如該土地在一九八四年六月三十日的承租人，或在該日以後批出的丁屋地承租人，其父系為一八九八年在香港的原有鄉村居民，只要該土地的承租人仍為該人或其合法父系繼承人，原定租金維持不變。

第一百二十三條

香港特別行政區成立以後滿期而沒有續期權利的土地契約，由香港特別行政區自行制定法律和政策處理。

第三節：航運

第一百二十四條

香港特別行政區保持原在香港實行的航運經營和管理體制，包括有關海員的管理制度。
香港特別行政區政府自行規定在航運方面的具體職能和責任。

第一百二十五條

香港特別行政區經中央人民政府授權繼續進行船舶登記，並根據香港特別行政區的法律以"中國香港"的名義頒發有關證件。

第一百二十六條

除外國軍用船隻進入香港特別行政區須經中央人民政府特別許可外，其他船舶可根據香港特別行政區法律進出其港口。

第一百二十七條

香港特別行政區的私營航運及與航運有關的企業和私營集裝箱碼頭，可繼續自由經營。

第四節：民用航空

第一百二十八條

香港特別行政區政府應提供條件和採取措施，以保持香港的國際和區域航空中心的地位。

第一百二十九條

香港特別行政區繼續實行原在香港實行的民用航空管理制度，並按中央人民政府關於飛機國籍標誌和登記標誌的規定，設置自己的飛機登記冊。

外國國家航空器進入香港特別行政區須經中央人民政府特別許可。

第一百三十條

香港特別行政區自行負責民用航空的日常業務和技術管理，包括機場管理，在香港特別行政區飛行情報區內提供空中交通服務，和履行國際民用航空組織的區域性航行規劃程序所規定的其他職責。

第一百三十一條

中央人民政府經同香港特別行政區政府磋商作出安排，為在香港特別行政區註冊並以香港為主要營業地的航空公司和中華人民共和國的其他航空公司，提供香港特別行政區和中華人民共和國其他地區之間的往返航班。

第一百三十二條

凡涉及中華人民共和國其他地區同其他國家和地區的往返並經停香港特別行政區的航班，和涉及香港特別行政區同其他國家和地區的往返並經停中華人民共和國其他地區航班的民用航空運輸協定，由中央人民政府簽訂。

中央人民政府在簽訂本條第一款所指民用航空運輸協定時，應考慮香港特別行政區的特殊情況和經濟利益，並同香港特別行政區政府磋商。

中央人民政府在同外國政府商談有關本條第一款所指航班的安排時，香港特別行政區政府的代表可作為中華人民共和國政府代表團的成員參加。

第一百三十三條

香港特別行政區政府經中央人民政府具體授權可：

(一) 續簽或修改原有的民用航空運輸協定和協議；

(二) 談判簽訂新的民用航空運輸協定，為在香港特別行政區註冊並以香港為主要營業地的航空公司提供航線，以及過境和技術停降權利；

(三) 同沒有簽訂民用航空運輸協定的外國或地區談判簽訂臨時協議。

不涉及往返、經停中國內地而只往返、經停香港的定期航班，均由本條所指的民用航空運輸協定或臨時協議予以規定。

第一百三十四條

中央人民政府授權香港特別行政區政府：

(一) 同其他當局商談並簽訂有關執行本法第一百三十三條所指民用航空運輸協定和臨時協議的各項安排；

(二) 對在香港特別行政區註冊並以香港為主要營業地的航空公司簽發執照；

(三) 依照本法第一百三十三條所指民用航空運輸協定和臨時協議指定航空公司；

(四) 對外國航空公司除往返、經停中國內地的航班以外的其他航班簽發許可證。

第一百三十五條

香港特別行政區成立前在香港註冊並以香港為主要營業地的航空公司和與民用航空有關的行業，可繼續經營。

第六章：教育、科學、文化、體育、宗教、勞工和社會服務

第一百三十六條

香港特別行政區政府在原有教育制度的基礎上，自行制定有關教育的發展和改進的政策，包括教育體制和管理、教學語言、經費分配、考試制度、學位制度和承認學歷等政策。

社會團體和私人可依法在香港特別行政區興辦各種教育事業。

第一百三十七條

各類院校均可保留其自主性並享有學術自由，可繼續從香港特別行政區以外招聘教職員和選用教材。宗教組織所辦的學校可繼續提供宗教教育，包括開設宗教課程。

學生享有選擇院校和在香港特別行政區以外求學的自由。

第一百三十八條

香港特別行政區政府自行制定發展中西醫藥和促進醫療衛生服務的政策。社會團體和私人可依法提供各種醫療衛生服務。

第一百三十九條

香港特別行政區政府自行制定科學技術政策，以法律保護科學技術的研究成果、專利和發明創造。

香港特別行政區政府自行確定適用於香港的各類科學、技術標準和規格。

第一百四十條

香港特別行政區政府自行制定文化政策,以法律保護作者在文學藝術創作中所獲得的成果和合法權益。

第一百四十一條

香港特別行政區政府不限制宗教信仰自由,不干預宗教組織的內部事務,不限制與香港特別行政區法律沒有抵觸的宗教活動。

宗教組織依法享有財產的取得、使用、處置、繼承以及接受資助的權利。財產方面的原有權益仍予保持和保護。

宗教組織可按原有辦法繼續興辦宗教院校、其他學校、醫院和福利機構以及提供其他社會服務。

香港特別行政區的宗教組織和教徒可與其他地方的宗教組織和教徒保持和發展關係。

第一百四十二條

香港特別行政區政府在保留原有的專業制度的基礎上,自行制定有關評審各種專業的執業資格的辦法。

在香港特別行政區成立前已取得專業和執業資格者,可依據有關規定和專業守則保留原有的資格。

香港特別行政區政府繼續承認在特別行政區成立前已承認的專業和專業團體,所承認的專業團體可自行審核和頒授專業資格。

香港特別行政區政府可根據社會發展需要並諮詢有關方面的意見,承認新的專業和專業團體。

第一百四十三條

香港特別行政區政府自行制定體育政策。民間體育團體可依法繼續存在和發展。

第一百四十四條

香港特別行政區政府保持原在香港實行的對教育、醫療衛生、文化、藝術、康樂、體育、社會福利、社會工作等方面的民間團體機構的資助政策。原在香港各資助機構任職的人員均可根據原有制度繼續受聘。

第一百四十五條

香港特別行政區政府在原有社會福利制度的基礎上，根據經濟條件和社會需要，自行制定其發展、改進的政策。

第一百四十六條

香港特別行政區從事社會服務的志願團體在不抵觸法律的情況下可自行決定其服務方式。

第一百四十七條

香港特別行政區白行制定有關勞工的法律和政策。

第一百四十八條

香港特別行政區的教育、科學、技術、文化、藝術、體育、專業、醫療衛生、勞工、社會福利、社會工作等方面的民間團體和宗教組織同內地相應的團體和組織的關係，應以互不隸屬、互不干涉和互相尊重的原則為基礎。

第一百四十九條

香港特別行政區的教育、科學、技術、文化、藝術、體育、專業、醫療衛生、勞工、社會福利、社會工作等方面的民間團體和宗教組織可同世界各國、各地區及國際的有關團體和組織保持和發展關係，各該團體和組織可根據需要冠用" 中國香港" 的名義，參與有關活動。

第七章：對外事務

第一百五十條

香港特別行政區政府的代表，可作為中華人民共和國政府代表團的成員，參加由中央人民政府進行的同香港特別行政區直接有關的外交談判。

第一百五十一條

香港特別行政區可在經濟、貿易、金融、航運、通訊、旅遊、文化、體育等領域以"中國香港"的名義，單獨地同世界各國、各地區及有關國際組織保持和發展關係，簽訂和履行有關協議。

第一百五十二條

對以國家為單位參加的、同香港特別行政區有關的、適當領域的國際組織和國際會議，香港特別行政區政府可派遣代表作為中華人民共和國代表團的成員或以中央人民政府和上述有關國際組織或國際會議允許的身份參加，並以"中國香港"的名義發表意見。

香港特別行政區可以"中國香港"的名義參加不以國家為單位參加的國際組織和國際會議。

對中華人民共和國已參加而香港也以某種形式參加了的國際組織，中央人民政府將採取必要措施使香港特別行政區以適當形式繼續保持在這些組織中的地位。

對中華人民共和國尚未參加而香港已以某種形式參加的國際組織，中央人民政府將根據需要使香港特別行政區以適當形式繼續參加這些組織。

第一百五十三條

中華人民共和國締結的國際協議，中央人民政府可根據香港特別行政區的情況和需要，在徵詢香港特別行政區政府的意見後，決定是否適用於香港特別行政區。

中華人民共和國尚未參加但已適用於香港的國際協議仍可繼續適用。中央人民政府根據需要授權或協助香港特別行政區政府作出適當安排，使其他有關國際協議適用於香港特別行政區。

第一百五十四條

中央人民政府授權香港特別行政區政府依照法律給持有香港特別行政區永久性居民身份證的中國公民簽發中華人民共和國香港特別行政區護照，給在香港特別行政區的其他合法居留者簽發中華人民共和國香港特別行政區的其他旅行證件。上述護照和證件，前往各國和各地區有效，並載明持有人有返回香港特別行政區的權利。

對世界各國或各地區的人入境、逗留和離境，香港特別行政區政府可實行出入境管制。

第一百五十五條

中央人民政府協助或授權香港特別行政區政府與各國或各地區締結互免簽證協議。

第一百五十六條

香港特別行政區可根據需要在外國設立官方或半官方的經濟和貿易機構，報中央人民政府備案。

第一百五十七條

外國在香港特別行政區設立領事機構或其他官方、半官方機構，須經中央人民政府批准。

已同中華人民共和國建立正式外交關係的國家在香港設立的領事機構和其他官方機構，可予保留。

尚未同中華人民共和國建立正式外交關係的國家在香港設立的領事機構和其他官方機構，可根據情況允許保留或改為半官方機構。

尚未為中華人民共和國承認的國家，只能在香港特別行政區設立民間機構。

第八章：本法的解釋和修改

第一百五十八條

本法的解釋權屬於全國人民代表大會常務委員會。

全國人民代表大會常務委員會授權香港特別行政區法院在審理案件時對本法關於香港特別行政區自治範圍內的條款自行解釋。

香港特別行政區法院在審理案件時對本法的其他條款也可解釋。但如香港特別行政區法院在審理案件時需要對本法關於中央人民政府管理的事務或中央和香港特別行政區關係的條款進行解釋，而該條款的解釋又影響到案件的判決，在對該案件作出不可上訴的終局判決前，應由香港特別行政區終審法院請全國人民代表大會常務委員會對有關條款作出解釋。如全國人民代表大會常務委員會作出解釋，香港特別行政區法院在引用該條款時，應以全國人民代表大會常務委員會的解釋為準。但在此以前作出的判決不受影響。

全國人民代表大會常務委員會在對本法進行解釋前，徵詢其所屬的香港特別行政區基本法委員會的意見。

第一百五十九條

本法的修改權屬於全國人民代表大會。

本法的修改提案權屬於全國人民代表大會常務委員會，國務院和香港特別行政區。香港特別行政區的修改議案，須經香港特別行政區的全國人民代表大會代表三分之二多數、香港特別行政區立法會全體議員三分之二多數和香港特別行政區行政長官同意後，交由香港特別行政區出席全國人民代表大會的代表團向全國人民代表大會提出。

本法的修改議案在列入全國人民代表大會的議程前，先由香港特別行政區基本法委員會研究並提出意見。

本法的任何修改，均不得同中華人民共和國對香港既定的基本方針政策相抵觸。

第九章：附則

第一百六十條

香港特別行政區成立時，香港原有法律除由全國人民代表大會常務委員會宣佈為同本法抵觸者外，採用為香港特別行政區法律，如以後發現有的法律與本法抵觸，可依照本法規定的程序修改或停止生效。

在香港原有法律下有效的文件、證件、契約和權利義務，在不抵觸本法的前提下繼續有效，受香港特別行政區的承認和保護。

附件一：香港特別行政區行政長官的產生辦法 ^@

一、行政長官由一個具有廣泛代表性的選舉委員會根據本法選出，由中央人民政府任命。

#二、選舉委員會委員共 800 人，由下列各界人士組成：

工商、金融界　　200 人

專業界　200 人

勞工、社會服務、宗教等界　　　200 人

立法會議員、區域性組織代表、香港地區全國人大代表、香港地區全國政協委員的代表　200 人

選舉委員會每屆任期五年。

三、各個界別的劃分，以及每個界別中何種組織可以產生選舉委員的名額，由香港特別行政區根據民主、開放的原則制定選舉法加以規定。

各界別法定團體根據選舉法規定的分配名額和選舉辦法自行選出選舉委員會委員。

選舉委員以個人身份投票。

#四、不少於一百名的選舉委員可聯合提名行政長官候選人。每名委員只可提出一名候選人。

五、選舉委員會根據提名的名單，經一人一票無記名投票選出行政長官候任人。具體選舉辦法由選舉法規定。

六、第一任行政長官按照《全國人民代表大會關於香港特別行政區第一屆政府和立法會產生辦法的決定》產生。

*七、二〇〇七年以後各任行政長官的產生辦法如需修改，須經立法會全體議員三分之二多數通過，行政長官同意，並報全國人民代表大會常務委員會批准。

註：
#　請參閱《中華人民共和國香港特別行政區基本法附件一香港特別行政區行政長官的產生辦法修正案》(2010 年 8 月 28 日第十一屆全國人民代表大會常務委員會第十六次會議批准)(見文件一及文件二)
*　請參閱《全國人民代表大會常務委員會關於香港特別行政區行政長官普選問題和 2016 年立法會產生辦法的決定》2014 年 8 月 31 日第十二屆全國人民代表大會常務委員會第十次會議通過)(見文件十八)
^　請參閱《全國人民代表大會常務委員會關於〈中華人民共和國香港特別行政區基本法〉附件一第七條和附件二第三條的解釋》(2004 年 4 月 6 日第十屆全國人民代表大會常務委員會第八次會議通過)(見文件二十三)
@　請參閱《關於〈全國人民代表大會常務委員會關於香港特別行政區行政長官普選問題和 2016 年立法會產生辦法的決定(草案)〉的說明》(2014 年 8 月 27 日在第十二屆全國人民代表大會常務委員會第十次會議上)(見文件二十四)

附件二：香港特別行政區立法會的產生辦法和表決程序

一、立法會的產生辦法

#（一）香港特別行政區立法會議員每屆60 人，第一屆立法會按照《全國人民代表大會關於香港特別行政區第一屆政府和立法會產生辦法的決定》產生。第二屆、第三屆立法會的組成如下：

第二屆

功能團體選舉的議員	30 人
選舉委員會選舉的議員	6 人
分區直接選舉的議員	24 人

第三屆

功能團體選舉的議員	30 人
分區直接選舉的議員	30 人

（二）除第一屆立法會外，上述選舉委員會即本法附件一規定的選舉委員會。上述分區直接選舉的選區劃分、投票辦法，各個功能界別和法定團體的劃分、議員名額的分配、選舉辦法及選舉委員會選舉議員的辦法，由香港特別行政區政府提出並經立法會通過的選舉法加以規定。

二、立法會對法案、議案的表決程序

除本法另有規定外，香港特別行政區立法會對法案和議案的表決採取下列程序：

政府提出的法案，如獲得出席會議的全體議員的過半數票，即為通過。

立法會議員個人提出的議案、法案和對政府法案的修正案均須分別經功能團體選舉產生的議員和分區直接選舉、選舉委員會選舉產生的議員兩部分出席會議議員各過半數通過。

*三、二〇〇七年以後立法會的產生辦法和表決程序

二〇〇七年以後香港特別行政區立法會的產生辦法和法案、議案的表決程序，如需對本附件的規定進行修改，須經立法會全體議員三分之二多數通過，行政長官同意，並報全國人民代表大會常務委員會備案。

註：

\# 請參閱《中華人民共和國香港特別行政區基本法附件二香港特別行政區立法會的產生辦法和表決程序修正案》(2010 年 8 月 28 日第十一屆全國人民代表大會常務委員會第十六次會議予以備案) (見文件三及文件四)

* 請參閱《全國人民代表大會常務委員會關於 < 中華人民共和國香港特別行政區基本法 > 附件一第七條和附件二第三條的解釋》(2004 年 4 月 6 日第十屆全國人民代表大會常務委員會第八次會議通過)(見文件十八)

附件三：在香港特別行政區實施的全國性法律 *

下列全國性法律，自一九九七年七月一日起由香港特別行政區在當地公布或立法實施。

一、 《關於中華人民共和國國都、紀年、國歌、國旗的決議》

二、 《關於中華人民共和國國慶日的決議》

三、 《中央人民政府公布中華人民共和國國徽的命令》附：國徽圖案、說明、使用辦法

四、 《中華人民共和國政府關於領海的聲明》

五、 《中華人民共和國國籍法》

六、 《中華人民共和國外交特權與豁免條例》

註：

* 關於對列於附件三的法律作出的增減，請參閱：

a. 《全國人民代表大會常務委員會關於〈中華人民共和國香港特別行政區基本法〉附件三所列全國性法律增減的決定》(1997 年 7 月 1 日第八屆全國人民代表大會常務委員會第二十六次會議通過) (見文件五)

b. 《全國人民代表大會常務委員會關於增加〈中華人民共和國香港特別行政區基本法〉附件三所列全國性法律的決定》(1998 年 11 月 4 日通過)(見文件六)；及

c. 《全國人民代表大會常務委員會關於增加〈中華人民共和國香港特別行政區基本法〉附件三所列全國性法律的決定》(2005 年 10 月 27 日通過)(見文件七)

文件一
全國人民代表大會常務委員會關於批准《中華人民共和國香港特別行政區基本法附件一香港特別行政區行政長官的產生辦法修正案》的決定

(2010年8月28日第十一屆全國人民代表大會常務委員會第十六次會議通過)

第十一屆全國人民代表大會常務委員會第十六次會議決定：

根據《中華人民共和國香港特別行政區基本法》附件一、《全國人民代表大會常務委員會關於〈中華人民共和國香港特別行政區基本法〉附件一第七條和附件二第三條的解釋》和《全國人民代表大會常務委員會關於香港特別行政區2012年行政長官和立法會產生辦法及有關普選問題的決定》，批准香港特別行政區提出的《中華人民共和國香港特別行政區基本法附件一香港特別行政區行政長官的產生辦法修正案》。

《中華人民共和國香港特別行政區基本法附件一香港特別行政區行政長官的產生辦法修正案》自批准之日起生效。

文件二
中華人民共和國香港特別行政區基本法附件一香港特別行政區行政長官的產生辦法修正案

(2010年8月28日第十一屆全國人民代表大會常務委員會第十六次會議批准)

一、二〇一二年選舉第四任行政長官人選的選舉委員會共1200人，由下列各界人士組成：

工商、金融界	300人
專業界	300人
勞工、社會服務、宗教等界	300人

立法會議員、區議會議員的代表、鄉議局的代表、香港特別行政區全國人大代表、香港特別行政區全國

政協委員的代表　　　　　300人

選舉委員會每屆任期五年。

二、不少於一百五十名的選舉委員可聯合提名行政長官候選人。每名委員只可提出一名候選人。

文件三
全國人民代表大會常務委員會公告〔十一屆〕第十五號

根據《中華人民共和國香港特別行政區基本法》附件二、《全國人民代表大會常務委員會關於〈中華人民共和國香港特別行政區基本法〉附件一第七條和附件二第三條的解釋》和《全國人民代表大會常務委員會關於香港特別行政區2012年行政長官和立法會產生辦法及有關普選問題的決定》，全國人民代表大會常務委員會對《中華人民共和國香港特別行政區基本法附件二香港特別行政區立法會的產生辦法和表決程序修正案》予以備案，現予公布。

《中華人民共和國香港特別行政區基本法附件二香港特別行政區立法會的產生辦法和表決程序修正案》自公布之日起生效。

特此公告。

全國人民代表大會常務委員會

2010年8月28日

文件四
中華人民共和國香港特別行政區基本法附件二香港特別行政區立法會的產生辦法和表決程序修正案

(2010年8月28日第十一屆全國人民代表大會常務委員會第十六次會議予以備案)

二○一二年第五屆立法會共70名議員，其組成如下：

功能團體選舉的議員	35人
分區直接選舉的議員	35人

文件五
全國人民代表大會常務委員會關於《中華人民共和國香港特別行政區基本法》附件三所列全國性法律增減的決定

(1997年7月1日第八屆全國人民代表大會常務委員會第二十六次會議通過)

一、在《中華人民共和國香港特別行政區基本法》附件三中增加下列全國性法律：

1.《中華人民共和國國旗法》；

2.《中華人民共和國領事特權與豁免條例》；

3.《中華人民共和國國徽法》；

4.《中華人民共和國領海及毗連區法》；

5.《中華人民共和國香港特別行政區駐軍法》。

以上全國性法律，自1997年7月1日起由香港特別行政區公布或立法實施。

二、在《中華人民共和國香港特別行政區基本法》附件三中刪去下列全國性法律：

《中央人民政府公布中華人民共和國國徽的命令》附：國徽圖案、說明、使用辦法。

文件六
全國人民代表大會常務委員會關於增加《中華人民共和國香港特別行政區基本法》附件三所列全國性法律的決定

(1998年11月4日通過)

第九屆全國人民代表大會常務委員會第五次會議決定：在《中華人民共和國香港特別行政區基本法》附件三中增加全國性法律《中華人民共和國專屬經濟區和大陸架法》。

文件六
全國人民代表大會常務委員會關於增加《中華人民共和國香港特別行政區基本法》附件三所列全國性法律的決定

(1998年11月4日通過)

第九屆全國人民代表大會常務委員會第五次會議決定：在《中華人民共和國香港特別行政區基本法》附件三中增加全國性法律《中華人民共和國專屬經濟區和大陸架法》。

文件七
全國人民代表大會常務委員會關於增加
《中華人民共和國香港特別行政區基本法》
附件三所列全國性法律的決定

(2005年10月27日通過)

第十屆全國人民代表大會常務委員會第十八次會議決定：在《中華人民共和國香港特別行政區基本法》附件三中增加全國性法律《中華人民共和國外國中央銀行財產司法強制措施豁免法》。

香港特別行政區區旗和區徽圖案

香港特別行政區區旗圖案

香港特別行政區區徽圖案

文件八
關於《中華人民共和國香港特別行政區基本法 (草案)》及其有關文件的說明

(1990年3月28日在第七屆全國人民代表大會第三次會議上)

中華人民共和國香港特別行政區基本法起草委員會主任委員姬鵬飛

各位代表：

中華人民共和國香港特別行政區基本法起草委員會經過四年零八個月的工作，業已完成起草基本法的任務。全國人大常委會已將《中華人民共和國香港特別行政區基本法(草案)》包括三個附件和香港特別行政區區旗、區徽圖案(草案)，連同為全國人大代擬的《中華人民共和國全國人民代表大會關於香港特別行政區第一屆政府和立法會產生辦法的決定(草案)》和《香港特別行政區基本法起草委員會關於設立全國人民代表大會常務委員會香港特別行政區基本法委員會的建議》等文件提請全國人民代表大會審議。現在，我受香港特別行政區基本法起草委員會的委托就這部法律文件作如下說明。

根據《第六屆全國人民代表大會第三次會議關於成立中華人民共和國香港特別行政區基本法起草委員會的決定》，第六屆全國人大常委會第十一次會議任命了起草委員。1985年7月1日，起草委員會正式成立並開始工作。在制定了工作規劃，確定了基本法結構之後，起草委員會設立了五個由內地和香港委員共同組成的專題小組，即中央和香港特別行政區的關係專題小組，居民的基本權利和義務專題小組，政治體制專題小組，經濟專題小組，教育、科學、技術、文化、體育和宗教專題小組，負責具體起草工作。在各專題小組完成條文的初稿之後，成立了總體工作小組，從總體上對條文進行調整和修改。1988年4月，起草委員會第七次全體會議公佈了《中華人民共和國香港特別行政區基本法(草案)》徵求意見稿，用五個月的時間在香港和內地各省、自治區、直轄市及有關部門廣泛徵求了意見，並在這個基礎上對草案徵求意見稿作了一百多處修改。1989年1月，起草委員會第八次全體會議採取無記名投票方式，對準備提交全國人大常委會的基本法(草案)以及附件和有關文件逐條逐件地進行了表決，除草案第十九條外，所有條文、附件和有關文件均以全體委員三分之二多數贊成獲得通過。同年2月，第七屆全國人大常委會第六次會議決定公佈基本法(草案)包括附件及其有關文件，在香港和內地各省、自治區、直轄市以及中央各部門，各民主黨派、人民團體和有關專家，人民解放軍各總部中廣泛徵求意見。經過八個月的徵詢期，起草委員會各專題小組在研究了各方面的意見後，共提出了專題小組的修改提案二十四個，其中包括對第十九條的修正案。在今年2月舉行的起草委員會第九次全體會議上，對這些提案採取無記名投票的方式逐案進行了表決，均以全體委員三分之二以上多數贊成獲得通過，並以此取代了原條文。至此，基本法(草案)包括附件及其有關文件的起草工作全部完成。

香港特別行政區區旗、區徽圖案的徵集、評選工作，由起草委員五人以及內地和香港的專家六人共同組成的香港特別行政區區旗區徽圖案評選委員會負責。在評委會對七千一百四十七件應徵稿進行初選和複選後，起草委員會對入選的圖案進行了審議、評選，由於未能選出上報全國人大審議的圖案，又由評委會在應徵圖案的基礎上，集體修改出三套區旗、區徽圖案，經起草委員會第九次全體會議以無記名投票的方式表決，從中選出了提交全國人民代表大會審議的區旗區徽圖案(草案)，同時通過了基本法(草案)中關於區旗、區徽的第十條第二、三款。

四年多來，起草委員會先後舉行全體會議九次，主任委員會議二十五次，主任委員擴大會議兩次，總體工作小組會議三次，專題小組會議七十三次，香港特別行政區區旗區徽評選委員會也先後召開會議五次。

回顧四年多來的工作，應該説這部法律文件的起草是很民主，很開放的。在起草過程中，委員們和衷共濟，群策群力，每項條文的起草都是在經過了調查研究和充分討論後完成的，做到了既服從大多數人的意見，又尊重少數人的意見。每當召開各種會議，隨時向採訪會議的記者吹風，會後及時向香港特別行政區基本法諮詢委員會通報情況。基本法起草工作是在全國，特別是在香港廣大同胞和各方面人士的密切關注和廣泛參與下完成的。尤其需要指出的是，由香港各界人士組成的香港特別行政區基本法諮詢委員會對基本法的起草工作一直給予了積極有效的協助，他們在香港收集了大量有關基本法的意見和建議並及時向起草委員會作了反映。諮詢委員會的工作得到了起草委員會們的好評。

各位代表，提請本次大會審議的基本法(草案)，包括序言，第一章總則，第二章中央和香港特別行政區的關係，第三章居民的基本權利和義務，第四章政治體制，第五章經濟，第六章教育、科學、文化、體育、宗教、勞工和社會服務，第七章對外事務，第八章本法的解釋和修改，第九章附則，共有條文一百六十條。還有三個附件，即：附件一《香港特別行政區行政長官的產生辦法》，附件二《香港特別行政區立法會的產生辦法和表決程序》，附件三《在香港特別行政區實施的全國性法律》。

一、關於起草基本法的指導方針

"一個國家，兩種制度"是我國政府為實現祖國統一提出的基本國策。按照這一基本國策，我國政府制定了對香港的一系列方針、政策，主要是國家在對香港恢復行使主權時，設立特別行政區，直轄於中央人民政府，除國防、外交由中央負責管理外，香港特別行政區實行高度自治；在香港特別行政區不實行社會主義制度和政策，原有的資本主義社會、經濟制度不變，生活方式不變，法律基本不變；保持香港的國際金融中心和自由港的地位；並照顧英國和其他國家在香港的經濟利益。我國政府將上述方針政策載入和英國政府共同簽署的關於香港問題的聯合聲明，並宣佈國家對香港的各項方針政策五十年不變，以基本法加以規定。"一國兩制"的構想及在此基礎上產生的對香港的各項方針政策，是實現國家對香港恢復行使主權，同時保持香港的穩定繁榮的根本保證，是符合我國人民，特別是香港同胞的根本利益的。

我國憲法第三十一條規定，"國家在必要時得設立特別行政區。在特別行政區內實行的制度按照具體情況由全國人民代表大會以法律規定。"

我國是社會主義國家，社會主義制度是我國的根本制度，但為了實現祖國的統一，在我國的個別地區可以實行另外一種社會制度，即資本主義制度。現在提交的基本法(草案)就是以憲法為依據，以"一國兩制"為指導方針，把國家對香港的各項方針、政策用基本法律的形式規定下來。

二、關於中央和香港特別行政區的關係

中央和香港特別行政區的關係，是基本法的主要內容之一，不僅在第二章，而且在第一、第七、第八章以及其他各章中均有涉及。

草案第十二條規定："香港特別行政區是中華人民共和國的一個享有高度自治權的地方行政區域，直轄於中央人民政府。"這條規定明確了香港特別行政區的法律地位，是草案規定特別行政區的職權範圍及其同中央的關係的基礎。香港特別行政區是中華人民共和國不可分離的部分，是中央人民政府直轄的地方行政區域，同時又是一個實行與內地不同的制度和政策、享有高度自治權的特別行政區。因此，在基本法中既要規定體現國家統一和主權的內容，又要照顧到香港的特殊情況，賦予特別行政區高度的自治權。

草案所規定的由全國人大常委會或中央人民政府行使的職權或負責管理的事務，都是體現國家主權所必不可少的。如特別行政區的國防和外交事務由中央人民政府負責管理，行政長官和主要官員由中央人民政府任命：少數有關國防、外交和不屬於香港特別行政區自治範圍的全國性法律要在特別行政區公佈或成立實施，全國人大常委會決定宣佈戰爭狀態或因特別行政區發生其政府不能控制的危及國家統一或安全的動亂而決定特別行政區進入緊急狀態，中央人民政府可發佈命令將有關全國性法律在香港實施。除此以外，草案還規定，特別行政區應自行立法禁止任何叛國、分裂國家、煽動叛亂、顛覆中央人民政府及竊取國家機密的行為，禁止外國的政治性組織或團體在特別行政區進行政治活動，禁止特別行政區的政治性組織或團體與外國的政治性組織或團體建立聯繫。這對於維護國家的主權、統一和領土完整，維護香港的長期穩定和繁榮也是非常必要的。

草案所規定的特別行政區的高度自治權包括行政管理權、立法權、獨立的司法權和終審權，此外，經中央人民政府授權還可以自行處理一些有關的對外事務。應該說，特別行政區所享有的自治權是十分廣泛的。

在行政管理權方面，草案在規定特別行政區依照基本法的規定自行處理香港的行政事務的同時，還具體規定了特別行政區在諸如財政經濟、工商貿易、交通運輸、土地和自然資源的開發和管理、教育科技、文化體育、社會治安、出入境管制等各個方面的自治權。如規定特別行政區保持財政獨立，財政收入不上繳中央，中央不在特別行政區徵稅；自行制定貨幣金融政策，港幣為特別行政區的法定貨幣，其發行權屬於特別行政區政府。又如，規定特別行政區政府的代表可作為中國政府代表團的成員，參加同香港有關的外交談判；特別行政區可在經濟、貿易、金融、航運、通訊、旅遊、文化、體育等領域以"中國香港"的名義，單獨地同世界各國、各地區及有關國際組織保持和發展關係，簽定和履行有關協議。

在立法權方面，草案規定特別行政區立法機關制定的法律經行政長官簽署、公佈即生效，這些法律雖然須報全國人大常委會備案，但備案並不影響生效。同時草案還規定，全國人大常委會只是在認為特別行政區立法機關制定的任何法律不符合基本法關於中央管理的事務及中央和香港特別行政區的關係的條款時，才將有關法律發回，但不作修改。法律一經全國人大常委會發回，立即失效。

這樣規定，符合"一國兩制"的原則，既符合憲法的規定又充份考慮了香港實行高度自治的需要。

根據憲法規定，解釋法律是全國人大常委會的職權。為了照顧香港的特殊情況，草案在規定基本法的解釋權屬於全國人大常委會的同時，授權香港特別行政區法院在審理案件時對本法關於特別行政區自治範圍內的條款可自行解釋。這樣規定既保證了全國人大常委會的權力，又有利於香港特別行政區行使其自治權。草案還規定，香港特別行政區法院在審理案件時對本法的其他條款也可解釋，只是在特別行政區法院對本法關於中央人民政府管理的事務或中央和特別行政區的關係的條款進行解釋，而該條款的解釋又影響到終局判決時，才應由香港特別行政區終審法院提請全國人大常委會作出解釋。香港特別行政區法院在引用該條款時，應以全國人大常委會的解釋為準。這樣規定可使香港特別行政區法院在審理案件時對涉及中央管理的事務或中央和特別行政區的關係的條款的理解有所依循，不致由於不準確的理解而作出錯誤的判決。

草案規定特別行政區法院享有獨立的司法權和終審權，作為一個地方行政區域的法院而享有終審權，這無疑是一種很特殊的例外，考慮到香港實行與內地不同的社會制度和法律體系，這樣規定是必需的。香港現行的司法制度和原則一向對有關國防、外交等國家行為無管轄權，草案保留了這一原則，而且規定特別行政區法院在審理案件中遇到涉及國防、外交等國家行為的事實問題，應取得行政長官就此發出的證明文件，上述文件對法院有約束力。行政長官在發出證明文件前，須取得中央人民政府的證明書。這就妥善解決了有關國家行為的司法管轄問題，也保證了特別行政區法院正常行使其職能。

此外，為使全國人大常委會在就特別行政區立法機關制定的任何法律是否符合基本法關於中央管理的事務及中央和香港特別行政區的關係的條款、對附件三所列適用於香港的全國性法律的增減以及基本法的解釋或修改等問題作出決定時，能充分反映香港各界人士的意見，起草委員們建議，在基本法實施時，全國人大常委會應設立一個工作機構，這個機構由內地和香港人士共同組成，就上述問題向全國人大常委會提供意見。為此起草了《香港特別行政區基本法起草委員會關於設立全國人民代表大會常務委員會香港特別行政區基本法委員會的建議》。

三、關於居民的基本權利和義務

草案第三章規定香港特別行政區和在香港特別行政區境內的其他人享有的廣泛權利和自由，包括政治、人身、經濟、文化、社會和家庭等各個方面。草案關於香港居民的權利和自由的規定，有以下兩個基本特點。

(一)草案對香港居民的權利和自由賦予了多層次的保障。針對香港居民組成的特點，不僅規定了香港居民所一般享有的權利和自由，也規定了其中的永久性居民和中國公民的權利，還專門規定了香港居民以外的其他人依法享有香港居民的權利和自由。此外，在明文規定香港居民的各項基本權利和自由的同時，還規定香港居民享有特別行政區法律保障的其他權利和自由。根據《公民權利和政治權利國際公約》、《經濟、社會與文化權利的國際公約》和國際勞工公約在香港適用的情況，草案規定這些公約適用於香港的有關規定繼續有效，通過特別行政區的法律予以實施。草案除設專章規定香港居民的權利和自由外，還有其他有關章節中作了一些規定。通過這幾個層次的規定，廣泛和全面地保障了香港居民的權利和自由。

(二)草案所規定的香港居民的權利、自由和義務，是按照"一國兩制"的原則，從香港的實際情況出發的，如保護私有財產權、遷徙和出入境的自由、自願生育的權利和對保護私人和法人財產的具體規定等等。草案還明確規定，有關保障香港居民的基本權利和自由的制度，均以基本法為依據。

四、關於政治體制

第四章政治體制主要規定了香港特別行政區的行政、立法以及司法機關的組成、職權和相互關係，規定了香港特別行政區行政長官、主要官員、行政會議和立法會成員、各級法院法官和其他司法人員以及公務人員的資格、職權及有關政策，還規定了香港特別行政區可設立非政權性的區域組織等等。

香港特別行政區的政治體制，要符合"一國兩制"的原則，要從香港的法律地位和實際情況出發，以保障香港的穩定繁榮為目的。為此，必須兼顧社會各階層的利益，有利於資本主義經濟的發展；既保持原政治體制中行之有效的部分，又要循序漸進地逐步發展適合香港情況的民主制度。根據這一原則，本章以及附件一、附件二對香港特別行政區政治體制有以下一些主要規定：

(一)關於行政機關和立法機關的關係。行政機關和立法機關之間的關係應該是既互相制衡又互相配合；為了保持香港的穩定和行政效率，行政長官應有實權，但同時也要受到制約。草案規定，行政長官是香港特別行政區的首長，對中央人民政府和香港特別行政區負責。行政長官領導香港特別行政區政府；簽署法案並公佈法律，簽署財政預算案；行政長官如認為立法會通過的法案不符合香港特別行政區的整體利益，可將法案發回立法會重議，如行政長官

拒絕簽署立法會再次通過的法案，或立法會拒絕通過政府提出的預算案或其他重要法案，經協調仍不能取得一致意見，行政長官可解散立法會。草案又規定，政府必須遵守法律，向立法會負責：執行立法會制定並已生效的法律，定期向立法會作施政報告，答覆有關質詢，徵稅和公共開支需經立法會批准；行政長官在作出重要決策、向立法會提交法案、制定附屬法規和解散立法會前，必須徵詢行政會議的意見。同時又規定，如立法會以不少於全體議員三分之二多數再次通過被行政長官發回的法案，行政長官必須在一個月內簽署公佈，除非行政長官解散立法會；如被解散後重選的立法會仍以三分之二多數通過有爭議的原法案或繼續拒絕通過政府提出的預算案或其他重要法案，行政長官必須辭職；如行政長官有嚴重違法或瀆職行為而不辭職，立法會通過一定程序可提出彈劾案，報請中央人民政府決定。上述這些規定體現了行政和立法之間相互制衡、相互配合的關係。

(二)關於行政長官的產生辦法。草案規定，行政長官在當地通過選舉或協商產生，報中央人民政府任命。行政長官的產生辦法要根據香港的實際情況和循序漸進的原則而規定，最終達到由一個有廣泛代表性的提名委員會按民主程序提名後普選的目標。據此，附件一對行政長官的產生辦法作了具體規定，在一九九七年至二〇〇七年的十年內由有廣泛代表性的選舉委員會選舉產生，此後如要改變選舉辦法，由立法會全體議員三分之二多數通過，行政長官同意並報全國人大常委會批准。行政長官的具體產生辦法由附件規定比較靈活，方便在必要時作出修改。

(三)關於立法會的產生辦法和立法會對法案和議案的表決程序。草案規定，立法會由選舉產生，其產生辦法要根據香港的實際情況和循序漸進的原則而規定，最終達到全體議員由普選產生的目標。據此，附件二對

立法會的產生辦法作了具體規定，第一、二屆立法會由功能團體選舉、選舉委員會選舉和分區直接選舉等三種方式產生的議員組成。在特別行政區成立的頭十年內，逐屆增加分區直選的議員席位，減少選舉委員會選舉的議員席位，到第三屆立法

會，功能團體選舉和分區直選的議員各佔一半。這樣規定符合循序漸進地發展選舉制度的原則。附件二還規定，立法會對政府提出的法案和議員個人提出的法案、議案採取不同的表決程序。政府提出的法案獲出席會議的議員過半數票即為通過；議員個人提出的法案、議案和對政府法案的修正案須分別獲功能團體選舉的議員和分區直接選舉、選舉委員會選舉的議員兩部分出席會議的議員各過半數票，方為通過。這樣規定，有利於兼顧各階層的利益，同時又不至於使政府的法案陷入無休止的爭論，有利於政府施政的高效率。

在特別行政區成立十年以後，立法會的產生辦法和對法案、議案的表決程序如需改進，由立法會全體議員三分之二多數通過，行政長官同意並報全國人大常委會備案。立法會的具體產生辦法和對法案、議案的表決程序由附件規定，也是考慮到這樣比較靈活，方便必要時作出修改。

(四)關於香港特別行政區行政長官、行政會議成員、立法會主席、政府主要官員、終審法院和高等法院首席法官以及基本法委員會香港委員的資格。草案的有關條文規定，擔任上述職務的人必須是在外國無居留權的香港特別行政區永久性居民中的中國公民。

這是體現國家主權的需要，也是體現由香港當地人管理香港的原則的需要，只有這樣才能使擔任上述職務的人切實對國家、對香港特別行政區以及香港居民負起責任。也正是基於這一考慮，有關條文還規定，特別行政區立法會必須由在外國無居留權的香港特別行政區永久性居民中的中國公民組成。但照顧到香港的具體情況，允許非中國籍的香港特別行政區永久性居民和在外國有居留權的香港特別行政區永久性居民可以當選為立法會議員，但其所佔比例不得超過立法會全體議員的20%。

(五)關於香港特別行政區第一屆政府和立法會的產生辦法。根據體現國家主權、有利平穩過渡的原則，香港特別行政區的成立須由全國人大設

立的香港特別行政區籌備委員會負責主持。考慮到籌備工作須在香港特別行政區第一屆政府和立法會成立之前進行，而基本法要到一九九七年七月一日才開始實施，起草委員會建議，全國人大對第一屆政府和立法會的產生辦法作出專門決定，此項決定與基本法同時公佈。起草委員會為此起草了有關決定的代擬稿。規定香港特別行政區第一任行政長官，由香港人組成的推選委員會負責產生，報請中央人民政府任命；原香港最後一屆立法局的組成如符合全國人大關於特別行政區第一屆政府和立法會產生辦法的決定中的規定，其議員擁護基本法，願意效忠香港特別行政區並符合基本法規定條件者，經籌委會確認後可成為香港特別行政區第一屆立法會議員。這樣安排，是為了保證香港在整個過渡時期的穩定以及政權的平穩銜接。

此外，還規定行政長官、主要官員、行政會議和立法會成員、各級法院法官和其他司法人員在就職時必須宣誓擁護基本法，效忠中華人民共和國香港特別行政區。

五、關於經濟和教育、科學、文化、體育、宗教、勞工和社會服務。

第五章主要從財政、金融、貿易、工商業、土地契約、航運、民用航空等八個方面，就香港特別行政區的經濟制度和政策作了規定，這些規定對於保障香港的資本主義經濟機制的正常運行，保持香港的國際金融中心地位和自由港地位很有必要。如在金融貨幣方面規定，香港特別行政區不實行外匯管制政策，繼續開放外匯、黃金、證券、期貨等市場；保障一切資金的流動和進出自由；保障金融企業和金融市場的經營自由；確定港幣為特別行政區法定貨幣，可自由兌換，其發行權在特別行政區政府等等。又如在對外貿易方面規定，一切外來投資受法律保護；保障貨物、無形財產和資本的流動自由；除法律另有規定外，不徵收關稅；香港特別行政區為單獨的關稅地區，可以"中國香港"的名義參加關稅和貿易總協定、關於國際紡織品貿易安排等有關國際組織和國際貿易協定，包括優惠貿易安排；香港特別行政區所取得的各類出口配額、關稅優惠和達成的其他類似安排全由香港特別行政區享用。同時還規定香港特別行政區的財政預算要力求收支平衡，避免赤字；參照現行的低稅政策，自行立法規定稅制。此外對主要行業、土地契約、航運、民用航空等各方面作了比較詳盡的規定。

第六章就保持或發展香港現行的教育、科學、文化、體育、宗教、勞工和社會服務等方面的制度和政策作出了規定。這些規定涉及香港居民在社會生活多方面的利益，對於社會的穩定和發展是重要的。

第五、六兩章的政策性條款較多，考慮到我國政府在中英聯合聲明中已承諾把我國對香港的基本方針政策和中英聯合聲明附件一對上述基本方針政策的具體說明寫入基本法，加之香港各界人士要求在基本法裏反映和保護其各自利益的願望比較迫切，因此儘管在起草過程中曾對條文的繁簡有不同意見，但最終還是把政策性條款保留下來。

最後，我就香港特別行政區區旗、區徽圖案(草案)作一點說明。區旗是一面中間配有五顆星的動態紫荊花圖案的紅旗。紅旗代表祖國，紫荊花代表香港，寓意香港是中國不可分離的部分，在祖國的懷抱中興旺發達。花蕊上的五顆星象徵著香港同胞心中熱愛祖國，紅、白兩色體現了"一國兩制"的精神。區徽呈圓形，其外圈寫有"中華人民共和國香港特別行政區"和英文"香港"字樣，其中間的五顆星動態紫荊花圖案的構思及其象徵意義與區旗相同，也是以紅、白兩色體現"一國兩制"的精神。

各位代表，以上是我對《中華人民共和國香港特別行政區基本法(草案)》包括附件及有關文件和香港特別行政區區旗、區徽圖案(草案)的說明，請大會審議。

文件九
全國人民代表大會關於《中華人民共和國香港特別行政區基本法》的決定

(1990年4月4日第七屆全國人民代表大會第三次會議通過)

第七屆全國人民代表大會第三次會議通過《中華人民共和國香港特別行政區基本法》，包括附件一：《香港特別行政區行政長官的產生辦法》，附件二：《香港特別行政區立法會的產生辦法和表決程序》，附件三：《在香港特別行政區實施的全國性法律》，以及香港特別行政區區旗和區徽圖案。《中華人民共和國憲法》第三十一條規定："國家在必要時得設立特別行政區。在特別行政區內實行的制度按照具體情況由全國人民代表大會以法律規定。"香港特別行政區基本法是根據《中華人民共和國憲法》、按照香港的具體情況制定的，是符合憲法的。香港特別行政區設立後實行的制度、政策和法律，以香港特別行政區基本法為依據。

《中華人民共和國香港特別行政區基本法》自1997年7月1日起實施。

文件十
全國人民代表大會關於設立香港特別行政區的決定

(1990年4月4日第七屆全國人民代表大會第三次會議通過)

第七屆全國人民代表大會第三次會議根據《中華人民共和國憲法》第三十一條和第六十二條第十三項的規定，決定：

一、自1997年7月1日起設立香港特別行政區。

 *二、香港特別行政區的區域包括香港島、九龍半島，以及所轄的島嶼和附近海域。香港特別行政區的行政區域圖由國務院另行公布。

註：
* 見《中華人民共和國國務院令第221號》(文件十一)。

文件十一
中華人民共和國國務院令第 221 號

根據1990年4月4日第七屆全國人民代表大會第三次會議通過的《全國人民代表大會關於設立香港特別行政區的決定》，《中華人民共和國香港特別行政區行政區域圖》已經1997年5月7日國務院第56次常務會議通過，現予公布。

附：中華人民共和國香港特別行政區行政區域界線文字表述

總理

李鵬

一九九七年七月一日

附：
中華人民共和國香港特別行政區行政區域界線文字表述

區域界線由陸地部分和海上部分組成。

一、陸地部分

陸地部分由以下三段組成：

(一)沙頭角鎮段

1. 由沙頭角碼頭底部東角(1號點，北緯22°32'37.21"，東經114°13'34.85")起至新樓街東側並行的排水溝入海口處，再沿排水溝中心線至該線與中英街中心線的交點(2號點，北緯22°32'45.42"，東經114°13'32.40")；

2. 由2號點起沿中英街中心線至步步街與中英街兩街中心線的交點(3號點，北緯22°32'52.26"，東經114°13'36.91")；

3. 由3號點起以直線連接沙頭角河橋西側河中心橋墩底部的西端(4號點，北緯22°32'52.83"，東經114°13'36.86")。

(二)沙頭角鎮至伯公坳段

由4號點起沿沙頭角河中心線逆流而上經伯公坳東側山谷谷底至該坳鞍部中心止(5號點，北緯22°33'23.49"，東經114°12'24.25")。

(三)伯公坳至深圳河入海段

由伯公坳鞍部起沿該坳西側主山谷谷底至深圳河伯公坳源頭，再沿深圳河中心線直至深圳灣 (亦稱后海灣)河口處止。

深圳河治理後，以新河中心線作為區域界線。

二、海上部分

海上部分由以下三段組成：

(一)深圳灣海域段

由深圳河入海口起，沿南航道中央至84號航燈標(亦稱"Ｂ"號航燈標)(6號點，北緯22°30'36.23"，東經113°59'42.20")，再與以下兩點直線連成：

1. 深圳灣83號航燈標(亦稱"Ａ"號航燈標)(7號點，北緯22°28'20.49"，東經113°56'52.10")；

2. 上述7號點與內伶仃島南端的東角咀的聯線與東經113°52'08.8"經線的交點(8號點，北緯22°25'43.7"，東經113°52'08.8")。

(二)南面海域段

由8號點起與以下13點直線連成：

1. 由8號點沿東經113°52'08.8"經線向南延伸至北緯22°20'處(9號點，北緯22°20'，東經113°52'08.8")；

2. 大澳北面海岸線最突出部向西北1海里處(10號點，北緯22°16'23.2"，東經113°50'50.6")；

3. 大澳西面海岸線最突出部向西北1海里處(11號點，北緯22°16'03.8"，東經113°50'20.4")；

4. 雞公山西南面海岸線最突出部向西北1海里處(12號點，北緯22°14'21.4"，東經113°49'35.0")；

5. 大嶼山雞翼角西面海岸線最突出部向西1海里處(13號點，北緯22°13'01.4"，東經113°49'01.6")；

6. 大嶼山分流角西南面海岸線最突出部向西南1海里處(14號點，北緯22°11'01.9"，東經113°49'56.6")；

7. 索罟群島大鴉洲南面海岸線最突出部與大蜘洲銀角咀北面海岸線最突出部間的中點(15號點，北緯22°08'33.1"，東經

113°53'47.6")；

8. 索罟群島頭顱洲南面海岸線最突出部向南1海里處(16號點，北緯
    22°08'12.2"，東經113°55'20.6")；

9. 以索罟群島頭顱洲南面海岸線最突出部為中心之1海里半徑與北緯
    22°08'54.5"緯線在東面的交點(17號點，北緯22°08'54.5"
    ，東經113°56'22.4")；

10. 以蒲台群島墨洲西南面海岸線最突出部為中心之1海里半徑與北緯
    22°08'54.5"緯線在西面的交點(18號點，北緯22°08'54.5"
    ，東經114°14'09.6")；

11. 蒲台島南角咀正南1海里處(19號點，北緯22°08'18.8"，東經
    114°15'18.6")；

12. 以蒲台島大角頭東南面海岸線最突出部為中心之1海里半徑與北緯
    22°08'54.5"緯線在東面的交點(20號點，北緯22°08'54.5"
    ，東經114°17'02.4")；

13. 北緯22°08'54.5"，東經114°30'08.8"(21號點)。

(三)大鵬灣海域段

由21號點與以下10點和1號點直線連成：

1. 北緯22°21'54.5"，東經114°30'08.8"(22號點)；

2. 大鹿灣北面海岸線最突出部至石牛洲導航燈間的中點(23號點，北緯
    22°28'07.4"，東經 114°27'17.6")；

3. 水頭沙西南海岸線最突出部至平洲島更樓石間的中點(24號點，北緯
    22°32'41.9"，東經 114°27'18.5")；

4. 秤頭角至平洲島的洲尾角間的中點(25號點，北緯22°33'43.2"，
    東經（114°26'02.3")；

5. 背仔角海岸線最突出部至白沙洲北面海岸線最突出部間的中點(26號
    點，北緯22°34'06.0"，東經114°19'58.7")；

6. 正角咀海岸線最突出部至吉澳雞公頭東面海岸線最突出部間的中點
    (27號點，北緯 22°34'00.0"，東經114°18'32.7")；

7. 塘元涌海岸線最突出部至吉澳北面海岸線最突出部間的中點(28號點，北緯22°33′55.8″，東經114°16′33.7″)；

8. 恩上南小河入海口處至長排頭間的中點(29號點，北緯22°33′20.6″，東經114°14′55.2″)；

9. 官路下小河入海口處至三角咀間的中點(30號點，北緯22°33′02.6″，東經114°14′13.4″)；

10. 1號點正東方向至對岸間的中點(31號點，北緯22°32′37.2″，東經114°14′01.1″)。

註：上述坐標值採用 WGS84 坐標系。

文件十二
全國人民代表大會關於香港特別行政區第一屆政府和立法會產生辦法的決定

(1990年4月4日第七屆全國人民代表大會第三次會議通過)

一、香港特別行政區第一屆政府和立法會根據體現國家主權、平穩過渡的原則產生。

二、在1996年內，全國人民代表大會設立香港特別行政區籌備委員會，負責籌備成立香港特別行政區的有關事宜，根據本決定規定第一屆政府和立法會的具體產生辦法。籌備委員會由內地和不少於50%的香港委員組成，主任委員和委員由全國人民代表大會常務委員會委任。

三、香港特別行政區籌備委員會負責籌組香港特別行政區第一屆政府推選委員會(以下簡稱推選委員會)。

推選委員會全部由香港永久性居民組成，必須具有廣泛代表性，成員包括全國人民代表大會香港地區代表、香港地區全國政協委員的代表、香港特別行政區成立前曾在香港行政、立法、諮詢機構任職並有實際經驗的人士和各階層、界別中具有代表性的人士。

推選委員會由400人組成,比例如下:

工商、金融界	25%
專業界	25%
勞工、基層、宗教等界	25%
原政界人士、香港地區全國人大代表、香港地區全國政協委員的代表	
	5%

四、推選委員會在當地以協商方式、或協商後提名選舉,推舉第一任行政長官人選,報中央人民政府任命。第一任行政長官的任期與正常任期相同。

五、第一屆香港特別行政區政府由香港特別行政區行政長官按香港特別行政區基本法規定負責籌組。

六、香港特別行政區第一屆立法會由60人組成,其中分區直接選舉產生議員20人,選舉委員會選舉產生議員10人,功能團體選舉產生議員30人。原香港最後一屆立法局的組成如符合本決定和香港特別行政區基本法的有關規定,其議員擁護中華人民共和國香港特別行政區基本法、願意效忠中華人民共和國香港特別行政區並符合香港特別行政區基本法規定條件者,經香港特別行政區籌備委員會確認,即可成為香港特別行政區第一屆立法會議員。

香港特別行政區第一屆立法會議員的任期為兩年。

文件十三
全國人民代表大會關於批准香港特別行政區基本法起草委員會關於設立全國人民代表大會常務委員會香港特別行政區基本法委員會的建議的決定

(1990年4月4日第七屆全國人民代表大會第三次會議通過)

第七屆全國人民代表大會第三次會議決定:

一、批准香港特別行政區基本法起草委員會關於設立全國人民代表大會常務委員會香港特別行政區基本法委員會的建議。

二、在《中華人民共和國香港特別行政區基本法》實施時,設立全國人民代表大會常務委員會香港特別行政區基本法委員會。

附:
香港特別行政區基本法起草委員會關於設立全國人民代表大會常務委員會香港特別行政區基本法委員會的建議

一、名稱:全國人民代表大會常務委員會香港特別行政區基本法委員會。

二、隸屬關係:是全國人民代表大會常務委員會下設的工作委員會。

三、任務:就有關香港特別行政區基本法第十七條、第十八條、第一百五十八條、第一百五十九條實施中的問題進行研究,並向全國人民代表大會常務委員會提供意見。

四、組成:成員十二人,由全國人民代表大會常務委員會任命內地和香港人士各六人組成,其中包括法律界人士,任期五年。香港委員須由在外國無居留權的香港特別行政區永久性居民中的中國

公民擔任,由香港特別行政區行政長官,立法會主席和終審法院首席法官聯合提名,報全國人民代表大會常務委員會任命。

文件十四

全國人民代表大會常務委員會關於《中華人民共和國香港特別行政區基本法》英文本的決定

(1990年6月28日通過)

第七屆全國人民代表大會常務委員會第十四次會議決定：全國人民代表大會法律委員會主持審定的《中華人民共和國香港特別行政區基本法》英譯本為正式英文本，和中文本同樣使用；英文本中的用語的含義如果有與中文本有出入的，以中文本為準。

文件十五

全國人民代表大會常務委員會關於《中華人民共和國國籍法》在香港特別行政區實施的幾個問題的解釋

(1996年5月15日第八屆全國人民代表大會常務委員會第十九次會議通過)

根據《中華人民共和國香港特別行政區基本法》第十八條和附件三的規定，《中華人民共和國國籍法》自1997年7月1日起在香港特別行政區實施。考慮到香港的歷史背景和現實情況，對《中華人民共和國國籍法》在香港特別行政區實施作如下解釋：

一、凡具有中國血統的香港居民，本人出生在中國領土(含香港)者，以及其他符合《中華人民共和國國籍法》規定的具有中國國籍的條件者，都是中國公民。

二、所有香港中國同胞，不論其是否持有"英國屬土公民護照"或者"英國國民(海外)護照"，都是中國公民。自1997年7月1日起，上述中國公民可繼續使用英國政府簽發的有效旅行證件去其他國家或地區旅行，但在香港特別行政區和中華人民共和國其他地區不得因持有上述英國旅行證件而享有英國的領事保護的權利。

三、任何在香港的中國公民，因英國政府的"居英權計劃"而獲得的英國公民身份，根據《中華人民共和國國籍法》不予承認。這類人仍為中國公民，在香港特別行政區和中華人民共和國其他地區不得享有英國的領事保護的權利。

四、在外國有居留權的香港特別行政區的中國公民，可使用外國政府簽發的有關證件去其他國家或地區旅行，但在香港特別行政區和中華人民共和國其他地區不得因持有上述證件而享有外國領事保護的權利。

五、香港特別行政區的中國公民的國籍發生變更，可憑有效證件向香港特別行政區受理國籍申請的機關申報。

六、授權香港特別行政區政府指定其入境事務處為香港特別行政區受理國籍申請的機關，香港特別行政區入境事務處應根據《中華人民共和國國籍法》和以上規定對所有國籍申請事宜作出處理。

文件十六
全國人民代表大會常務委員會關於根據《中華人民共和國香港特別行政區基本法》第一百六十條處理香港原有法律的決定

(1997年2月23日第八屆全國人民代表大會常務委員會第二十四次會議通過)

《中華人民共和國香港特別行政區基本法》(以下簡稱《基本法》)第一百六十條規定："香港特別行政區成立時，香港原有法律除由全國人民代表大會常務委員會宣布為同本法抵觸者外，採用為香港特別行政區法律，如以後發現有的法律與本法抵觸，可依照本法規定的程序修改或停止生效。"第八條規定："香港原有法律，即普通法、衡平法、條例、附屬立法和習慣法，除同本法相抵觸或經香港特別行政區的立法機關作出修改者外，予以保留。"第八屆全國人民代表大會常務委員會第二十四次會議根據上述規定，審議了香港特別行政區籌備委員會關於處理香港原有法律問題的建議，決定如下：

一、香港原有法律，包括普通法、衡平法、條例、附屬立法和習慣法，除同《基本法》抵觸者外，採用為香港特別行政區法律。

二、列於本決定附件一的香港原有的條例及附屬立法抵觸《基本法》，不採用為香港特別行政區法律。

三、列於本決定附件二的香港原有的條例及附屬立法的部分條款抵觸《基本法》，抵觸的部分條款不採用為香港特別行政區法律。

四、採用為香港特別行政區法律的香港原有法律，自1997年7月1日起，在適用時，應作出必要的變更、適應、限制或例外，以符合中華人民共和國對香港恢復行使主權後香港的地位和《基本法》的有關規定，如《新界土地(豁免)條例》在適用時應符合上述原則。

除符合上述原則外，原有的條例或附屬立法中：

(一)規定與香港特別行政區有關的外交事務的法律，如與在香港特別行政區實施的全國性法律不一致，應以全國性法律為準，並符合中央人民政府享有的國際權利和承擔的國際義務。

(二)任何給予英國或英聯邦其它國家或地區特權待遇的規定，不予保留，但有關香港與英國或英聯邦其它國家或地區之間互惠性規定，不在此限。

(三)有關英國駐香港軍隊的權利、豁免及義務的規定，凡不抵觸《基本法》和《中華人民共和國香港特別行政區駐軍法》的規定者，予以保留，適用於中華人民共和國中央人民政府派駐香港特別行政區的軍隊。

(四)有關英文的法律效力高於中文的規定，應解釋為中文和英文都是正式語文。

(五)在條款中引用的英國法律的規定，如不損害中華人民共和國的主權和不抵觸《基本法》的規定，在香港特別行政區對其作出修改前，作為過渡安排，可繼續參照適用。

五、在符合第四條規定的條件下，採用為香港特別行政區法律的香港原有法律，除非文意另有所指，對其中的名稱或詞句的解釋或適用，須遵循本決定附件三所規定的替換原則。

六、採用為香港特別行政區法律的香港原有法律，如以後發現與《基本法》相抵觸者，可依照《基本法》規定的程序修改或停止生效。

附件一
香港原有法律中下列條例及附屬立法抵觸《基本法》，不採用為香港特別行政區法律：

1. 《受託人(香港政府證券)條例》(香港法例第77章)；
2. 《英國法律應用條例》(香港法例第88章)；
3. 《英國以外婚姻條例》(香港法例第180章)；
4. 《華人引渡條例》(香港法例第235章)；
5. 《香港徽幟(保護)條例》(香港法例第315章)；
6. 《國防部大臣(產業承繼)條例》(香港法例第193章)；
7. 《皇家香港軍團條例》(香港法例第199章)；
8. 《強制服役條例》(香港法例第246章)；
9. 《陸軍及皇家空軍法律服務處條例》(香港法例第286章)；
10. 《英國國籍(雜項規定)條例》(香港法例第186章)；
11. 《1981年英國國籍法(相應修訂)條例》(香港法例第373章)；
12. 《選舉規定條例》(香港法例第367章)；
13. 《立法局(選舉規定)條例》(香港法例第381章)；
14. 《選區分界及選舉事務委員會條例》(香港法例第432章)。

附件二
香港原有法律中下列條例及附屬立法的部分條款抵觸《基本法》，不採用為香港特別行政區法律：

1. 《人民入境條例》(香港法例第115章)第2條中有關 " 香港永久性居民 " 的定義和附表一 " 香港永久性居民 " 的規定；
2. 任何為執行在香港適用的英國國籍法所作出的規定；

3. 《市政局條例》(香港法例第101章)中有關選舉的規定；

4. 《區域市政局條例》(香港法例第385章)中有關選舉的規定；

5. 《區議會條例》(香港法例第366章)中有關選舉的規定；

6. 《舞弊及非法行為條例》(香港法例第288章)中的附屬立法A《市政局、區域市政局以及區議會選舉費用令》和附屬立法C《立法局決議》；

7. 《香港人權法案條例》(香港法例第383章)第2條第(3)款有關該條例的解釋及應用目的的規定，第3條有關"對先前法例的影響"和第4條有關"日後的法例的釋義"的規定；

8. 《個人資料(私隱)條例》(香港法例第486章)第3條第(2)款有關該條例具有凌駕地位的規定；

9. 1992年7月17日以來對《社團條例》(香港法例第151章)的重大修改；

10. 1995年7月27日以來對《公安條例》(香港法例第245章)的重大修改。

附件三
採用為香港特別行政區法律的香港原有法律中的名稱或詞句在解釋或適用時一般須遵循以下替換原則：

1. 任何提及"女王陛下"、"王室"、"英國政府"及"國務大臣"等相類似名稱或詞句的條款，如該條款內容是關於香港土地所有權或涉及《基本法》所規定的中央管理的事務和中央與香港特別行政區的關係，則該等名稱或詞句應相應地解釋為中央或中國的其它主管機關，其它情況下應解釋為香港特別行政區政府。

2. 任何提及"女王會同樞密院"或"樞密院"的條款，如該條款內容是關於上訴權事項，則該等名稱或詞句應解釋為香港特別行政區終審法院，其它情況下，依第1項規定處理。

3. 任何冠以"皇家"的政府機構或半官方機構的名稱應刪去"皇家"字樣，並解釋為香港特別行政區相應的機構。

4. 任何"本殖民地"的名稱應解釋為香港特別行政區；任何有關香港領域的表述應依照國務院頒布的香港特別行政區行政區域圖作出相應解釋後適用。

5. 任何"最高法院"及"高等法院"等名稱或詞句應相應地解釋為高等法院及高等法院原訟法庭。

6. 任何"總督"、"總督會同行政局"、"布政司"、"律政司"、"首席按察司"、"政務司"、"憲制事

務司"、"海關總監"及"按察司"等名稱或詞句應相應地解釋為香港特別行政區行政長官、行政長官會同行政會議、政務司長、律政司長、終審法院首席法官或高等法院首席法官、民政事務局局長、政制事務局局長、海關關長及高等法院法官。

7. 在香港原有法律中文文本中，任何有關立法局、司法機關或行政機關及其人員的名稱或詞句應相應地依照《基本法》的有關規定進行解釋和適用。

8. 任何提及"中華人民共和國"和"中國"等相類似名稱或詞句的條款，應解釋為包括台灣、香港和澳門在內的中華人民共和國；任何單獨或同時提及大陸、台灣、香港和澳門的名稱或詞句的條款，應相應地將其解釋為中華人民共和國的一個組成部分。

9. 任何提及"外國"等相類似名稱或詞句的條款，應解釋為中華人民共和國以外的任何國家或地區，或者根據該項法律或條款的內容解釋為"香港特別行政區以外的任何地方"；任何提及"外籍人士"等相類似名稱或詞句的條款，應解釋為中華人民共和國公民以外的任何人士。

10. 任何提及"本條例的條文不影響亦不得視為影響女王陛下、其儲君或其繼位人的權利"的規定，應解釋為"本條例的條文不影響亦不得視為影響中央或香港特別行政區政府根據《基本法》和其他法律的規定所享有的權利"。

文件十七
全國人民代表大會常務委員會關於《中華人民共和國香港特別行政區基本法》第二十二條第四款和第二十四條第二款第(三)項的解釋

(1999年6月26日第九屆全國人民代表大會常務委員會第十次會議通過)

第九屆全國人民代表大會常務委員會第十次會議審議了國務院《關於提請解釋〈中華人民共和國香港特別行政區基本法〉第二十二條第四款和第二十四條第二款第(三)項的議案》。國務院的議案是應香港特別行政區行政長官根據《中華人民共和國香港特別行政區基本法》第四十三條和第四十八條第(二)項的有關規定提交的報告提出的。鑒於議案中提出的問題涉及香港特別行政區終審法院1999年1月29日的判決對《中華人民共和國香港特別行政區基本法》有關條款的解釋，該有關條款涉及中央管理的事務和中央與香港特別行政區的關係，終審法院在判決前沒有依照《中華人民共和國香港特別行政區基本法》第一百五十八條第三款的規定請全國人民代表大會常務委員會作出解釋，而終審法院的解釋又不符合立法原意，經徵詢全國人民代表大會常務委員會香港特別行政區基本法委員會的意見，全國人民代表大會常務委員會決定，根據《中華人民共和國憲法》第六十七條第(四)項和《中華人民共和國香港特別行政區基本法》第一百五十八條第一款的規定，對《中華人民共和國香港特別行政區基本法》第二十二條第四款和第二十四條第二款第(三)項的規定，作如下解釋：

一、《中華人民共和國香港特別行政區基本法》第二十二條第四款關於"中國其他地區的人進入香港特別行政區須辦理批准手續"的規定，是指各省、自治區、直轄市的人，包括香港永久性居民在內地所生的中國籍子女，不論以何種事由要求進入香港特別行政區，均須依照國家有關法律、行政法規的規定，向其所在地區的有關機關申請辦理批准手續，並須持有有關機關製發的有效證件方能進入香港特別行政區。各省、自治區、直轄市的人，包括香港永久性居民在內地所生的中國籍子女，進入香港特別行政區，如未按國家有關法律、行政法規的規定辦理相應的批准手續，是不合法的。

二、《中華人民共和國香港特別行政區基本法》第二十四條第二款前三項規定："香港特別行政區永久性居民為：(一) 在香港特別行政區成立以前或以後在香港出生的中國公民；(二)在香港特別行政區成立以前或以後在香港通常居住連續七年以上的中國公民；(三)第(一)、(二)兩項所列居民在香港以外所生的中國籍子女"。其中第(三)項關於"第(一)、(二)兩項所列居民在香港以外所生的中國籍子女"的規定，是指無論本人是在香港特別行政區成立以前或以後出生，在其出生時，其父母雙方或一方須是符合《中華人民共和國香港特別行政區基本法》第二十四條第二款第(一)項或第(二)項規定條件的人。本解釋所闡明的立法原意以及《中華人民共和國香港特別行政區基本法》第二十四條第二款其他各項的立法原意，已體現在1996年8月10日全國人民代表大會香港特別行政區籌備委員會第四次全體會議通過的《關於實施〈中華人民共和國香港特別行政區基本法〉第二十四條第二款的意見》中。

本解釋公布之後，香港特別行政區法院在引用《中華人民共和國香港特別行政區基本法》有關條款時，應以本解釋為準。本解釋不影響香港特別行政區終審法院1999年1月29日對有關案件判決的有關訴訟當事人所獲得的香港特別行政區居留權。此外，其他任何人是否符合《中華人民共和國香港特別行政區基本法》第二十四條第二款第(三)項規定的條件，均須以本解釋為準。

文件十八
全國人民代表大會常務委員會關於《中華人民共和國香港特別行政區基本法》附件一第七條和附件二第三條的解釋

(2004年4月6日第十屆全國人民代表大會常務委員會第八次會議通過)

第十屆全國人民代表大會常務委員會第八次會議審議了委員長會議關於提請審議《全國人民代表大會常務委員會關於〈中華人民共和國香港特別行政區基本法〉附件一第七條和附件二第三條的解釋(草案)》的議案。經徵詢全國人民代表大會常務委員會香港特別行政區基本法委員會的意見，全國人民代表大會常務委員會決定，根據《中華人民共和國憲法》第六十七條第四項和《中華人民共和國香港特別行政區基本法》第一百五十八條第一款的規定，對《中華人民共和國香港特別行政區基本法》附件一《香港特別行政區行政長官的產生辦法》第七條"二〇〇七年以後各任行政長官的產生辦法如需修改，須經立法會全體議員三分之二多數通過，行政長官同意，並報全國人民代表大會常務委員會批准"的規定和附件二《香港特別行政區立法會的產生辦法和表決程序》第三條"二〇〇七年以後香港特別行政區立法會的產生辦法和法案、議案的表決程序，如需對本附件的規定進行修改，須經立法會全體議員三分之二多數通過，行政長官同意，並報全國人民代表大會常務委員會備案"的規定，作如下解釋：

一、上述兩個附件中規定的"二〇〇七年以後"，含二〇〇七年。

二、上述兩個附件中規定的二〇〇七年以後各任行政長官的產生辦法、立法會的產生辦法和法案、議案的表決程序"如需"修改，是指可以進行修改，也可以不進行修改。

三、上述兩個附件中規定的須經立法會全體議員三分之二多數通過，行政長官同意，並報全國人民代表大會常務委員會批准或者備案，是指行政長官的產生辦法和立法會的產生辦法及立法會法案、議案的表決程序修改時必經的法律程序。只有經過上述程序,包括最後全國人民代表大會常務委員會依法批准或者備案,該修改方可生效。是否需要進行修改,香港特別行政區行政長官應向全國人民代表大會常務委員會提出報告,由全國人民代表大會常務委員會依照《中華人民共和國香港特別行政區基本法》第四十五條和第六十八條規定,根據香港特別行政區的實際情況和循序漸進的原則確定。修改行政長官產生辦法和立法會產生辦法及立法會法案、議案表決程序的法案及其修正案,應由香港特別行政區政府向立法會提出。

四、上述兩個附件中規定的行政長官的產生辦法、立法會的產生辦法和法案、議案的表決程序如果不作修改,行政長官的產生辦法仍適用附件一關於行政長官產生辦法的規定;立法會的產生辦法和法案、議案的表決程序仍適用附件二關於第三屆立法會產生辦法的規定和附件二關於法案、議案的表決程序的規定。

現予公告。

文件十九
全國人民代表大會常務委員會關於香港特別行政區 2007 年行政長官和 2008 年立法會產生辦法有關問題的決定

(2004年4月26日第十屆全國人民代表大會常務委員會第九次會議通過)

第十屆全國人民代表大會常務委員會第九次會議審議了香港特別行政區行政長官董建華2004年4月15日提交的《關於香港特別行政區2007年行政長官和2008年立法會產生辦法是否需要修改的報告》，並在會前徵詢了香港特別行政區全國人大代表、全國政協委員和香港各界人士、全國人大常委會香港特別行政區基本法委員會香港委員、香港特別行政區政府政制發展專責小組的意見，同時徵求了國務院港澳事務辦公室的意見。全國人大常委會在審議中充分注意到近期香港社會對2007年以後行政長官和立法會的產生辦法的關注，其中包括一些團體和人士希望2007年行政長官和2008年立法會全部議員由普選產生的意見。

會議認為，《中華人民共和國香港特別行政區基本法》(以下簡稱香港基本法)第四十五條和第六十八條已明確規定，香港特別行政區行政長官和立法會的產生辦法應根據香港特別行政區的實際情況和循序漸進的原則而規定，最終達至行政長官由一個有廣泛代表性的提名委員會按民主程序提名後普選產生、立法會全部議員由普選產生的目標。香港特別行政區行政長官和立法會的產生辦法應符合香港基本法的上述原則和規定。有關香港特別行政區行政長官和立法會產生辦法的任何改變，都應遵循與香港社會、經濟、政治的發展相協調，有利於社會各階層、各界別、各方面的均衡參與，有利於行政主導體制的有效運行，有利於保持香港的長期繁榮穩定等原則。

會議認為，香港特別行政區成立以來，香港居民所享有的民主權利是前所未有的。第一任行政長官由400人組成的推選委員會選舉產生，第二任行政長官由800人組成的選舉委員會選舉產生；立法會60名議員中分區直選產生的議員已由第一屆立法會的20名增加到第二屆立法會的24名，今年9月產生的第三屆立法會將達至30名。香港實行民主選舉的歷史不長，香港居民行使參與推選特別行政區行政長官的民主權利，至今不到7年。香港回歸祖國以來，立法會中分區直選議員的數量已有相當幅度的增加，在達至分區直選議員和功能團體選舉的議員各佔一半的格局後，對香港社會整體運作的影響，尤其是對行政主導體制的影響尚有待實踐檢驗。加之目前香港社會各界對於2007年以後行政長官和立法會的產生辦法如何確定仍存在較大分歧，尚未形成廣泛共識。在此情況下，實現香港基本法第四十五條規定的行政長官由一個有廣泛代表性的提名委員會按民主程序提名後普選產生和香港基本法第六十八條規定的立法會全部議員由普選產生的條件還不具備。

鑑此，全國人大常委會依據香港基本法的有關規定和《全國人民代表大會常務委員會關於〈中華人民共和國香港特別行政區基本法〉附件一第七條和附件二第三條的解釋》，對香港特別行政區2007年行政長官和2008年立法會的產生辦法決定如下：

一、2007年香港特別行政區第三任行政長官的選舉，不實行由普選產生的辦法。2008年香港特別行政區第四屆立法會的選舉，不實行全部議員由普選產生的辦法，功能團體和分區直選產生的議員各佔半數的比例維持不變，立法會對法案、議案的表決程序維持不變。

二、在不違反本決定第一條的前提下，2007年香港特別行政區第三任行政長官的具體產生辦法和2008年香港特別行政區第四屆立法會的具體產生辦法，可按照香港基本法第四十五條、第六十八條的規定和附件一第七條、附件二第三條的規定作出符合循序漸進原則的適當修改。

會議認為，按照香港基本法的規定，在香港特別行政區根據實際情況，循序漸進地發展民主，是中央堅定不移的一貫立場。隨着香港社會各方面的發展和進步，經過香港特別行政區政府和香港居民的共同努力，香港特別行政區的民主制度一定能夠不斷地向前發展，最終達至香港基本法規定的行政長官由一個有廣泛代表性的提名委員會按民主程序提名後普選產生和立法會全部議員由普選產生的目標。

文件二十
全國人民代表大會常務委員會關於《中華人民共和國香港特別行政區基本法》第五十三條第二款的解釋

(2005年4月27日第十屆全國人民代表大會常務委員會第十五次會議通過)

第十屆全國人民代表大會常務委員會第十五次會議審議了國務院《關於提請解釋〈中華人民共和國香港特別行政區基本法〉第五十三條第二款的議案》。根據《中華人民共和國憲法》第六十七條第四項和《中華人民共和國香港特別行政區基本法》第一百五十八條第一款的規定，並徵詢全國人民代表大會常務委員會香港特別行政區基本法委員會的意見，全國人民代表大會常務委員會對《中華人民共和國香港特別行政區基本法》第五十三條第二款的規定，作如下解釋：

《中華人民共和國香港特別行政區基本法》第五十三條第二款中規定："行政長官缺位時，應在六個月內依本法第四十五條的規定產生新的行政長官。"其中"依本法第四十五條的規定產生新的行政長官"，既包括新的行政長官應依據《中華人民共和國香港特別行政區基本法》第四十五條規定的產生辦法產生，也包括新的行政長官的任期應依據《中華人民共和國香港特別行政區基本法》第四十五條規定的產生辦法確定。

《中華人民共和國香港特別行政區基本法》第四十五條第三款規定："行政長官產生的具體辦法由附件一《香港特別行政區行政長官的產生辦法》規定。"附件一第一條規定："行政長官由一個具有廣泛代表性的選舉委員會根據本法選出，由中央人民政府任命。"第二條規定："選舉委員會每屆任期五年。"第七條規定："二〇〇七年以後各任行政長官的產生辦法如需修改，須經立法會全體議員三分之二多數通過，行政長官同意，並報全國人民代表大會常務委員會批准。"上述規定表明，二〇〇七年以前，在行政長官由任期五年的選舉委員會選出的制度安排下，如出現行政長官未任滿《中華人民共和國香港特別行政區基本法》第四十六條規定的五年任期導致行政長官缺位的情況，新的行政長官的任期應為原行政長官的剩餘任期；二〇〇七年以後，如對上述行政長官產生辦法作出修改，屆時出現行政長官缺位的情況，新的行政長官的任期應根據修改後的行政長官具體產生辦法確定。

現予公告。

文件二十一
全國人民代表大會常務委員會關於香港特別行政區 2012 年行政長官和立法會產生辦法及有關普選問題的決定

(2007年12月29日第十屆全國人民代表大會常務委員會第三十一次會議通過)

第十屆全國人民代表大會常務委員會第三十一次會議審議了香港特別行政區行政長官曾蔭權2007年12月12日提交的《關於香港特別行政區政制發展諮詢情況及2012年行政長官和立法會產生辦法是否需要修改的報告》。會議認為，2012年香港特別行政區第四任行政長官的具體產生辦法和第五屆立法會的具體產生辦法可以作出適當修改；2017年香港特別行政區第五任行政長官的選舉可以實行由普選產生的辦法；在行政長官由普選產生以後，香港特別行政區立法會的選舉可以實行全部議員由普選產生的辦法。全國人民代表大會常務委員會根據《中華人民共和國香港特別行政區基本法》的有關規定和《全國人民代表大會常務委員會關於〈中華人民共和國香港特別行政區基本法〉附件一第七條和附件二第三條的解釋》決定如下：

一、2012年香港特別行政區第四任行政長官的選舉，不實行由普選產生的辦法。2012年香港特別行政區第五屆立法會的選舉，不實行全部議員由普選產生的辦法，功能團體和分區直選產生的議員各佔半數的比例維持不變，立法會對法案、議案的表決程序維持不變。在此前提下，2012年香港特別行政區第四任行政長官的具體產生辦法和2012年香港特別行政區第五屆立法會的具體產生辦法，可按照《中華人民共和國香港特別行政區基本法》第四十五條、第六十八條的規定和附件一第七條、附件二第三條的規定作出符合循序漸進原則的適當修改。

二、在香港特別行政區行政長官實行普選前的適當時候，行政長官須按照香港基本法的有關規定和《全國人民代表大會常務委員會關於〈中華人民共和國香港特別行政區基本法〉附件一第七條和附件二第三條的解釋》，就行政長官產生辦法的修改問題向全國人民代表大會常務委員會提出報告，由全國人民代表大會常務委員會確定。修改行政長官產生辦法的法案及其修正案，應由香港特別行政區政府向立法會提出，經立法會全體議員三分之二多數通過，行政長官同意，報全國人民代表大會常務委員會批准。

三、在香港特別行政區立法會全部議員實行普選前的適當時候，行政長官須按照香港基本法的有關規定和《全國人民代表大會常務委員會關於〈中華人民共和國香港特別行政區基本法〉附件一第七條和附件二第三條的解釋》，就立法會產生辦法的修改問題以及立法會表決程序是否相應作出修改的問題向全國人民代表大會常務委員會提出報告，由全國人民代表大會常務委員會確定。修改立法會產生辦法和立法會法案、議案表決程序的法案及其修正案，應由香港特別行政區政府向立法會提出，經立法會全體議員三分之二多數通過，行政長官同意，報全國人民代表大會常務委員會備案。

四、香港特別行政區行政長官的產生辦法、立法會的產生辦法和法案、議案表決程序如果未能依照法定程序作出修改，行政長官的產生辦法繼續適用上一任行政長官的產生辦法，立法會的產生辦法和法案、議案表決程序繼續適用上一屆立法會的產生辦法和法案、議案表決程序。

會議認為，根據香港基本法第四十五條的規定，在香港特別行政區行政長官實行普選產生的辦法時，須組成一個有廣泛代表性的提名委員會。提名委員會可參照香港基本法附件一有關選舉委員會的現行規定組成。

提名委員會須按照民主程序提名產生若干名行政長官候選人,由香港特別行政區全體合資格選民普選產生行政長官人選,報中央人民政府任命。

會議認為,經過香港特別行政區政府和香港市民的共同努力,香港特別行政區的民主制度一定能夠不斷向前發展,並按照香港基本法和本決定的規定,實現行政長官和立法會全部議員由普選產生的目標。

文件二十二
全國人民代表大會常務委員會關於《中華人民共和國香港特別行政區基本法》第十三條第一款和第十九條的解釋

(2011年8月26日第十一屆全國人民代表大會常務委員會第二十二次會議通過)

第十一屆全國人民代表大會常務委員會第二十二次會議審議了委員長會議關於提請審議《全國人民代表大會常務委員會關於〈中華人民共和國香港特別行政區基本法〉第十三條第一款和第十九條的解釋(草案)》的議案。委員長會議的議案是應香港特別行政區終審法院依據《中華人民共和國香港特別行政區基本法》第一百五十八條第三款的規定提請全國人民代表大會常務委員會解釋《中華人民共和國香港特別行政區基本法》有關規定的報告提出的。

香港特別行政區終審法院在審理一起與剛果民主共和國有關的案件時,涉及香港特別行政區是否應適用中央人民政府決定採取的國家豁免規則或政策的問題。為此,香港特別行政區終審法院依據《中華人民共和國香港特別行政區基本法》第一百五十八條第三款的規定,提請全國人民代表大會常務委員會解釋如下問題:"(1)根據第十三條第一款的真正解釋,中央人民政府是否有權力決定中華人民共和國的國家豁免規則或政策；(2)如有此權力的話，根據第十三條第一款和第十九條的真正解釋，香港特別行政區('香港特區')(包括香港特區的法院)是否：①有責任援用或實施中央人民政府根據第十三條第一款所決定的國家豁免規則或政策；或②反之，可隨意偏離中央人民政府根據第十三條第一款所決定的國家豁免規則或政策，並採取一項不同的規則；(3)中央人民政府決定國家豁免規則或政策是否屬於《基本法》第十九條第三款第一句中所説的'國防、外交等國家行為'；以及(4)香港特區成立後，第十三條第一款、第十九條和香港作為中華人民共和國的特別行政區的地位，對香港原有(即1997年7月1日之前)的有關國家豁免的普通法(如果這些法律與中央人民政府根據第十三條第一款所決定的國家豁免規則或政策有牴觸)所帶來的影響，是否令到這些普通法法律，須按照《基本法》第八條和第一百六十條及於1997年2月23日根據第一百六十條作出的《全國人民代表大會常務委員會的決定》的規定，在適用時作出必要的變更、適應、限制或例外，以確保關於這方面的普通法符合中央人民政府所決定的國家豁免規則或政策。"香港特別行政區終審法院上述提請解釋的做法符合《中華人民共和國香港特別行政區基本法》第一百五十八條第三款的規定。

根據《中華人民共和國憲法》第六十七條第(四)項和《中華人民共和國香港特別行政區基本法》第一百五十八條的規定，並徵詢全國人民代表大會常務委員會香港特別行政區基本法委員會的意見，全國人民代表大會常務委員會就香港特別行政區終審法院提請解釋的《中華人民共和國香港特別行政區基本法》第十三條第一款和第十九條的規定以及相關問題，作如下解釋：

一、關於香港特別行政區終審法院提請解釋的第(1)個問題。依照《中華人民共和國憲法》第八十九條第(九)項的規定，國務院即中央人民政府行使管理國家對外事務的職權，國家豁免規則或政策屬於國家對外事務中的外交事務範疇，中央人民政府有權決定中華人民共和國的國家豁免規則或政策，在中華人民共和國領域內統一實施。基於上述，根據《中華人民共和國香港特別行政區基本法》第十三條第一款關於"中央人民政府負責管理與香港特別行政區有關的外交事務"的規定，管理與香港特別行政區有關的外交事務屬於中央人民政府的權力，中央人民政府有權決定在香港特別行政區適用的國家豁免規則或政策。

二、關於香港特別行政區終審法院提請解釋的第(2)個問題。依照《中華人民共和國香港特別行政區基本法》第十三條第一款和本解釋第一條的規定，中央人民政府有權決定在香港特別行政區適用的國家豁免規則或政策；依照《中華人民共和國香港特別行政區基本法》第十九條和本解釋第三條的規定，香港特別行政區法院對中央人民政府決定國家豁免規則或政策的行為無管轄權。因此，香港特別行政區法院在審理案件時遇有外國國家及其財產管轄豁免和執行豁免問題，須適用和實施中央人民政府決定適用於香港特別行政區的國家豁免規則或政策。基於上述，根據《中華人民共和國香港特別行政區基本法》第十三條第一款和第十九條的規定，香港特別行政區，包括香港特別行政區法院，有責任適用或實施中央人民政府決定採取的國家豁免規則或政策，不得偏離上述規則或政策，也不得採取與上述規則或政策不同的規則。

三、關於香港特別行政區終審法院提請解釋的第(3)個問題。國家豁免涉及一國法院對外國國家及其財產是否擁有管轄權，外國國家及其財產在一國法院是否享有豁免，直接關係到該國的對外關係和國際權利與義務。因此，決定國家豁免規則或政策是一種涉及外交的國家行為。基於上述，《中華人民共和國香港特別行政區基本法》第十九條第三款規定的"國防、外交等國家行為"包括中央人民政府決定國家豁免規則或政策的行為。

四、關於香港特別行政區終審法院提請解釋的第(4)個問題。依照《中華人民共和國香港特別行政區基本法》第八條和第一百六十條的規定，香港原有法律只有在不抵觸《中華人民共和國香港特別行政區基本法》的情況下才予以保留。根據《全國人民代表大會常務委員會關於根據〈中華人民共和國香港特別行政區基本法〉第一百六十條處理香港原有法律的決定》第四條的規定，採用為香港特別行政區法律的香港原有法律，自1997年7月1日起，在適用時，應作出必要的變更、適應、限制或例外，以符合中華人民共和國對香港恢復行使主權後香港的地位和《基本法》的有關規定。香港特別行政區作為中華人民共和國一個享有高度自治權的地方行政區域，直轄於中央人民政府，必須執行中央人民政府決定的國家豁免規則或政策。香港原有法律中有關國家豁免的規則必須符合上述規定才能在1997年7月1日後繼續適用。基於上述，根據《中華人民共和國香港特別行政區基本法》第十三條第一款和第十九條的規定，依照《全國人民代表大會常務委員會關於根據〈中華人民共和國香港特別行政區基本法〉第一百六十條處理香港原有法律的決定》採用為香港特別行政區法律的香港原有法律中有關國家豁免的規則，從1997年7月1日起，在適用時，須作出必要的變更、適應、限制或例外，以符合中央人民政府決定採取的國家豁免規則或政策。

現予公告。

文件二十三
全國人民代表大會常務委員會關於香港特別行政區行政長官普選問題和 2016 年立法會產生辦法的決定

（2014年8月31日第十二屆全國人民代表大會常務委員會第十次會議通過）

第十二屆全國人民代表大會常務委員會第十次會議審議了香港特別行政區行政長官梁振英2014年7月15日提交的《關於香港特別行政區2017年行政長官及2016年立法會產生辦法是否需要修改的報告》，並在審議中充分考慮了香港社會的有關意見和建議。

會議指出，2007年12月29日第十屆全國人民代表大會常務委員會第三十一次會議通過的《全國人民代表大會常務委員會關於香港特別行政區2012年行政長官和立法會產生辦法及有關普選問題的決定》規定，2017年香港特別行政區第五任行政長官的選舉可以實行由普選產生的辦法；在行政長官實行普選前的適當時候，行政長官須按照香港基本法的有關規定和《全國人民代表大會常務委員會關於〈中華人民共和國香港特別行政區基本法〉附件一第七條和附件二第三條的解釋》，就行政長官產生辦法的修改問題向全國人民代表大會常務委員會提出報告，由全國人民代表大會常務委員會確定。2013年12月4日至2014年5月3日，香港特別行政區政府就2017年行政長官產生辦法和2016年立法會產生辦法進行了廣泛、深入的公眾諮詢。諮詢過程中，香港社會普遍希望2017年實現行政長官由普選產生，並就行政長官普選辦法必須符合香港基本法和全國人大常委會有關決定、行政長官必須由愛國愛港人士擔任等重要原則形成了廣泛共識。對於2017年行政長官普選辦法和2016年立法會產生辦法，香港社會提出了各種意見和建議。在此基礎上，香港特別行政區行政長官就2017年行政長官和2016年立法會產生辦法修改問題向全國人大常委會提出報告。會議認為，行政長官的報告符合香港基本法、全國人大常委會關於香港基本法附件一第七條和附件二第三條的解釋以及全國人大常委會有關決定的要求，全面、客觀地反映了公眾諮詢的情況，是一個積極、負責、務實的報告。

會議認為，實行行政長官普選，是香港民主發展的歷史性進步，也是香港特別行政區政治體制的重大變革，關係到香港長期繁榮穩定，關係到國家主權、安全和發展利益，必須審慎、穩步推進。香港特別行政區行政長官普選源於香港基本法第四十五條第二款的規定，即"行政長官的產生辦法根據香港特別行政區的實際情況和循序漸進的原則而規定，最終達至由一個有廣泛代表性的提名委員會按民主程序提名後普選產生的目標。"制定行政長官普選辦法，必須嚴格遵循香港基本法有關規定，符合"一國兩制"的原則，符合香港特別行政區的法律地位，兼顧社會各階層的利益，體現均衡參與，有利於資本主義經濟發展，循序漸進地發展適合香港實際情況的民主制度。鑒於香港社會對如何落實香港基本法有關行政長官普選的規定存在較大爭議，全國人大常委會對正確實施香港基本法和決定行政長官產生辦法負有憲制責任，有必要就行政長官普選辦法的一些核心問題作出規定，以促進香港社會凝聚共識，依法順利實現行政長官普選。

會議認為，按照香港基本法的規定，香港特別行政區行政長官既要對香港特別行政區負責，也要對中央人民政府負責，必須堅持行政長官由愛國愛港人士擔任的原則。這是"一國兩制"方針政策的基本要求，是行政長官的法律地位和重要職責所決定的，是保持香港長期繁榮穩定，維護國家主權、安全和發展利益的客觀需要。行政長官普選辦法必須為此提供相應的制度保障。

會議認為，2012年香港特別行政區第五屆立法會產生辦法經過修改後，已經向擴大民主的方向邁出了重大步伐。香港基本法附件二規定的現行立法會產生辦法和表決程序不作修改，2016年第六屆立法會產生辦法和表決程序繼續適用現行規定，符合循序漸進地發展適合香港實際情況的民主制度的原則，符合香港社會的多數意見，也有利於香港社會各界集中精力優先處理行政長官普選問題，從而為行政長官實行普選後實現立法會全部議員由普選產生的目標創造條件。

鑒此，全國人民代表大會常務委員會根據《中華人民共和國香港特別行政區基本法》、《全國人民代表大會常務委員會關於〈中華人民共和國香港特別行政區基本法〉附件一第七條和附件二第三條的解釋》和《全國人民代表大會常務委員會關於香港特別行政區2012年行政長官和立法會產生辦法及有關普選問題的決定》的有關規定，決定如下：

一、從2017年開始，香港特別行政區行政長官選舉可以實行由普選產生的辦法。

二、香港特別行政區行政長官選舉實行由普選產生的辦法時：

（一）須組成一個有廣泛代表性的提名委員會。提名委員會的人數、構成和委員產生辦法按照第四任行政長官選舉委員會的人數、構成和委員產生辦法而規定。

（二）提名委員會按民主程序提名產生二至三名行政長官候選人。每名候選人均須獲得提名委員會全體委員半數以上的支持。

（三）香港特別行政區合資格選民均有行政長官選舉權，依法從行政長官候選人中選出一名行政長官人選。

（四）行政長官人選經普選產生後，由中央人民政府任命。

三、行政長官普選的具體辦法依照法定程序通過修改《中華人民共和國香港特別行政區基本法》附件一《香港特別行政區行政長官的產生辦法》予以規定。修改法案及其修正案應由香港特別行政區政府根據香港基本法和本決定的規定，向香港特別行政區立法會提出，經立法會全體議員三分之二多數通過，行政長官同意，報全國人民代表大會常務委員會批准。

四、如行政長官普選的具體辦法未能經法定程序獲得通過，行政長官的選舉繼續適用上一任行政長官的產生辦法。

五、香港基本法附件二關於立法會產生辦法和表決程序的現行規定不作修改，2016年香港特別行政區第六屆立法會產生辦法和表決程序，繼續適用第五屆立法會產生辦法和法案、議案表決程序。

在行政長官由普選產生以後，香港特別行政區立法會的選舉可以實行全部議員由普選產生的辦法。在立法會實行普選前的適當時候，由普選產生的行政長官按照香港基本法的有關規定和《全國人民代表大會常務委員會關於〈中華人民共和國香港特別行政區基本法〉附件一第七條和附件二第三條的解釋》，就立法會產生辦法的修改問題向全國人民代表大會常務委員會提出報告，由全國人民代表大會常務委員會確定。

會議強調，堅定不移地貫徹落實"一國兩制"、"港人治港"、高度自治方針政策，嚴格按照香港基本法辦事，穩步推進2017年行政長官由普選產生，是中央的一貫立場。希望香港特別行政區政府和香港社會各界依照香港基本法和本決定的規定，共同努力，達至行政長官由普選產生的目標。

文件二十四
關於《全國人民代表大會常務委員會關於香港特別行政區行政長官普選問題和 2016 年立法會產生辦法的決定（草案）》的說明

2014年8月27日在第十二屆全國人民代表大會常務委員會第十次會議上
全國人大常委會副秘書長 李飛

全國人民代表大會常務委員會：

我受委員長會議的委託，現對《全國人民代表大會常務委員會關於香港特別行政區行政長官普選問題和2016年立法會產生辦法的決定（草案）》作説明。

依照《中華人民共和國香港特別行政區基本法》（以下簡稱"香港基本法"）的規定和《全國人民代表大會常務委員會關於〈中華人民共和國香港特別行政區基本法〉附件一第七條和附件二第三條的解釋》，2014年7月15日，香港特別行政區行政長官梁振英向全國人大常委會提交了《關於香港特別行政區2017年行政長官及2016年立法會產生辦法是否需要修改的報告》（以下簡稱"行政長官報告"）。8月18日，委員長會議決定將審議行政長官報告列入十二屆全國人大常委會第十次會議議程，並委託中央有關部門負責人聽取了香港特別行政區全國人大代表、全國政協委員、全國人大常委會香港特別行政區基本法委員會香港委員和香港各界人士的意見，同時徵求了國務院港澳事務辦公室的意見。8月26日，常委會分組審議了行政長官報告。

常委會組成人員指出，香港基本法第四十五條第二款規定："行政長官的產生辦法根據香港特別行政區的實際情況和循序漸進的原則而規定，最終達至由一個有廣泛代表性的提名委員會按民主程序提名後普選產生的目標。"2007年12月29日通過的《全國人民代表大會常務委員會關於香港特別行政區2012年行政長官和立法會產生辦法及有關普選問題的決定》明確提出："2017年香港特別行政區第五任行政長官的選舉可以實行由普選產生的辦法；在行政長官由普選產生以後，香港特別行政區立法會的選舉可以實行全部議員由普選產生的辦法。"該決定還重申了香港基本法及其解釋的有關規定，即在行政長官實行普選前的適當時候，行政長官須就行政長官產生辦法的修改問題向全國人大常委會提出報告，由全國人大常委會確定。常委會組成人員認為，隨著2017年的臨近，現在需要就2017年行政長官產生辦法和2016年立法會產生辦法有關問題作出決定。行政長官向全國人大常委會提交有關報告，是必要的，也是及時的。行政長官報告全面、客觀地反映了香港社會有關行政長官普選辦法和2016年立法會產生辦法的意見和訴求，既反映了共識，也反映了分歧，是一個積極、負責、務實的報告。

常委會組成人員認為，香港特別行政區實行行政長官普選，是香港民主發展的歷史性進步，也是香港特別行政區政治體制的重大變革，關係到香港長期繁榮穩定，關係到國家主權、安全和發展利益，必須審慎、穩步推進，防範可能帶來的各種風險。香港特別行政區行政長官普選源於香港基本法的規定，制定行政長官普選辦法，必須嚴格遵循香港基本法有關規定，符合"一國兩制"的原則，符合香港特別行政區的法律地位，兼顧社會各階層利益，體現均衡參與，有利於資本主義經濟發展，循序漸進地發展適合香港實際情況的民主制度。常委會組成人員認為，中央在制定對香港基本方針政策時就明確提出了"港人治港"的界線和標準，就是必須由以愛國者為主體的港人來治理香港。根據香港基本法的規定，香港特別行政區行政長官既是香港特別行政區的首長，也是香港特別行政區政府的首長；既要對香港特別行政區負責，也要對中央人民政府負責；必須宣誓擁護中華人民共和國香港特別行政區基本法，效忠中華人民共和國香港特別行政區。因此，香港特別行政區行政長官必須由愛國愛港人士擔任，是"一國兩制"方針政策的基本要求，是香港基本法規定的行政長官的法律地位和重要職責所決定的，是保持香港長期繁榮穩定，維護國家主權、安全和發展利益的客觀需要。行政長官普選辦法必須為此提供相應的制度保障。

常委會組成人員認為，回歸十七年來，香港社會仍然有少數人對"一國兩制"方針政策缺乏正確認識，不遵守香港基本法，不認同中央政府對香港的管治權。在行政長官普選問題上，香港社會存在較大爭議，少數人甚至提出違反香港基本法的主張，公然煽動違法活動。這種情況勢必損害香港特別行政區的法治，損害廣大香港居民和各國投資者的利益，損害香港的長期繁榮穩定，必須予以高度關注。常委會組成人員認為，全國人大常委會對正確實施香港基本法和決定行政長官產生辦法負有憲制責任，有必要就行政長官普選辦法的一些核心問題作出規定，促進香港社會凝聚共識，確保行政長官普選在香港基本法和全國人大常委會有關決定規定的正確軌道上進行。

國務院港澳事務辦公室認為，儘管香港社會在行政長官普選的具體辦法問題上仍存在較大分歧，但社會各界普遍希望2017年行政長官由普選產生。為此，根據2007年12月29日全國人大常委會的有關決定，可同意2017年香港特別行政區行政長官選舉實行由普選產生的辦法，同時需要對行政長官普選辦法的核心問題作出必要規定，以利於香港社會進一步形成共識。2016年立法會產生辦法可不作修改。

根據香港基本法的規定和常委會組成人員對行政長官報告的審議意見，並認真考慮了國務院港澳事務辦公室的意見和行政長官報告提出的意見，委員長會議提出了《全國人民代表大會常務委員會關於香港特別行政區行政長官普選問題和2016年立法會產生辦法的決定（草案）》，現就草案的內容說明如下：

一、關於從2017年開始行政長官可以由普選產生

根據香港基本法和2007年12月29日全國人大常委會的有關決定以及常委會組成人員的審議意見，草案第一條規定："從2017年開始，香港特別行政區行政長官選舉可以實行由普選產生的辦法。"這一條規定的主要考慮是：

第一，草案採用"從2017年開始，香港特別行政區行政長官選舉可以實行由普選產生的辦法"的表述，表明2017年第五任行政長官及以後各任行政長官都可以實行由普選產生的辦法。

第二，香港基本法第四十五條規定，行政長官產生辦法最終要達至由普選產生的目標。2007年12月29日全國人大常委會的有關決定進一步提出：「2017年香港特別行政區第五任行政長官的選舉可以實行由普選產生的辦法，草案第一條的規定，明確了2017年及以後各任行政長官可以實行由普選產生的辦法，符合香港基本法和全國人大常委會上述決定。

第三，香港社會對行政長官普選問題已經討論多年，形成了四點共識，即：香港社會普遍期望2017年落實普選行政長官；普遍認同按照香港基本法和全國人大常委會的相關解釋及決定制定行政長官普選辦法；普遍認同成功落實行政長官普選對保持香港的發展及長期繁榮穩定有正面作用；普遍認同行政長官人選必須愛國愛港。從2017年開始，行政長官選舉採用普選的辦法，符合香港社會的共同意願。

二、關於行政長官普選制度核心問題的規定

香港基本法第四十五條對行政長官普選已經作出比較明確的規定。根據香港基本法和常委會組成人員的審議意見以及其他方面的意見，草案第二條對行政長官普選制度核心問題作了以下規定：

（一）關於提名委員會的組成。草案第二條第一項規定：「提名委員會的人數、構成和委員產生辦法按照第四任行政長官選舉委員會的人數、構成和委員產生辦法而規定。」按照這一規定，將來香港基本法附件一修正案規定的提名委員會應沿用目前選舉委員會由1200人、四大界別同等比例組成的辦法，並維持香港基本法附件一現行有關委員產生辦法的規定。這一規定的主要考慮是：

第一，從香港基本法立法原意看，香港基本法第四十五條第二款規定的有「廣泛代表性」的提名委員會，其「廣泛代表性」的內涵與香港基本法附件一規定的選舉委員會的「廣泛代表性」的內涵是一致的，即由四個界別同等比例組成，各界別的劃分，以及每個界別中何種組織可以產生委員的名額，由香港特別行政區制定選舉法加以規定，各界別法定團體根據法定的分配名額和選舉辦法自行選出委員。2007年12月29日全國人大常委會的有關決定中關於「提名委員會可參照香港基本法附件一有關選舉委員會的現行規定組成」的規定，指明瞭提名委員會與選舉委員會在組成上的一致關係。鑒於香港社會對這個問題仍存在不同認識，為正確貫徹落實香港基本法的規定，有必要作進一步明確。

第二，行政長官選舉委員會的組成辦法是香港基本法起草時經過廣泛諮詢和討論所形成的共識。香港回歸以來行政長官的選舉實踐證明，選舉委員會能夠涵蓋香港社會各方面有代表性的人士，體現了社會各階層、各界別的均衡參與，符合香港的實際情況。提名委員會按照目前的選舉委員會組建，既是香港基本法有關規定的要求，也是行政長官普選時體現均衡參與、防範各種風險的客觀需要。

第三，香港社會較多意見認同提名委員會應參照目前的選舉委員會的組成方式組成，有不少意見認為提名委員會的人數、構成和委員產生辦法等方面應採用目前選舉委員會的規定。考慮到有關第四任行政長官選舉委員會的規定是2010年修改行政長官產生辦法時作出的，並經全國人大常委會批准，委員總數已從800人增加到1200人，四個界別同比例增加，獲得各方面的認同和支持，提名委員會按照這一選舉委員會的人數、構成和委員產生辦法作出規定比較適當。

（二）關於行政長官候選人的人數。草案第二條第二項規定："提名委員會按民主程序提名產生二至三名行政長官候選人。"這一規定的主要考慮是：

第一，行政長官候選人人數規定為二至三名，可以確保選舉有真正的競爭，選民有真正的選擇，並可以避免因候選人過多造成選舉程序複雜、選舉成本高昂等問題。

第二，香港回歸以來舉行的行政長官選舉中，各次選舉幾乎都是在二至三名候選人之間競選。確定二至三名候選人比較符合香港的選舉實踐。

（三）關於行政長官候選人須獲得提名委員會過半數支持。草案第二條第二項規定："每名候選人均須獲得提名委員會全體委員半數以上的支持。"這一規定的主要考慮是：

第一，香港基本法規定的提名委員會是一個專門的提名機構，提名委員會行使提名行政長官候選人的權力，是作為一個機構整體行使權力，必須體現機構的集體意志。香港基本法第四十五條第二款規定的"民主程序"應當貫徹少數服從多數的民主原則,以體現提名委員會集體行使權力的要求。因此,規定行政長官候選人必須獲得提名委員會委員過半數支持是適當的。

第二,提名委員會將由四大界別同比例組成,規定候選人必須獲得提名委員會委員過半數支持,候選人就需要在提名委員會不同界別中均獲得一定的支持,有利於體現均衡參與原則,兼顧香港社會各階層利益。

第三,行政長官報告表明,香港社會有不少意見認同行政長官候選人需要獲得提名委員會委員一定比例的支持。全國人大常委會辦公廳聽取的意見中,有不少人建議對這個比例作出明確規定。為此,進一步明確行政長官候選人須獲得提名委員會委員過半數支持,符合香港基本法的規定,有助於促進香港社會凝聚共識。

(四)關於行政長官選舉的投票辦法。香港基本法第二十六條規定:"香港特別行政區永久性居民依法享有選舉權和被選舉權",據此,草案第二條第三項規定:"香港特別行政區合資格選民均有行政長官選舉權,依法從行政長官候選人中選出一名行政長官人選。"根據這一規定,全體合資格選民將人人有權直接參與選舉行政長官,體現了選舉權普及而平等的原則,是香港民主發展的歷史性進步。

(五)關於行政長官的任命。香港基本法第四十五條第一款規定:"香港特別行政區行政長官在當地通過選舉或協商產生,由中央人民政府任命。"據此,草案第二條第四項規定:"行政長官人選經普選產生後,由中央人民政府任命。"中央在制定對香港基本方針政策和香港基本法時就已明確指出,中央人民政府的任命權是實質性的。對在香港當地選舉產生的行政長官人選,中央人民政府具有任命和不任命的最終決定權。

三、關於行政長官產生辦法修正案的提出

在香港基本法中,行政長官的具體產生辦法由附件一加以規定。修改行政長官產生辦法,需要根據全國人大常委會的有關決定,由香港特別行政區政府提出有關修改行政長官產生辦法的法案及其修正案。據此,草案第三條規定:"行政長官普選的具體辦法依照法定程序通過修改《中華人民共和國香港特別行政區基本法》附件一'香港特別行政區行政長官的產生辦法'予以規定。修改法案及其修正案應由香港特別行政區政府根據香港基本法和本決定的規定，向香港特別行政區立法會提出，經立法會全體議員三分之二多數通過，行政長官同意，報全國人民代表大會常務委員會批准。"

四、關於行政長官產生辦法如果不作修改繼續適用現行規定的問題

根據2004年全國人大常委會解釋的規定，行政長官的產生辦法、立法會的產生辦法和法案、議案的表決程序如果不作修改，仍適用原來兩個產生辦法和法案、議案表決程序的規定。2007年全國人大常委會在關於香港特別行政區2012年行政長官和立法會產生辦法及有關普選問題的決定中重申了上述內容。據此，草案第四條規定："如行政長官普選的具體辦法未能經法定程序獲得通過，行政長官的選舉繼續適用上一任行政長官的產生辦法。"

五、關於2016年立法會產生辦法修改問題

行政長官報告提出，香港社會普遍認同目前應集中精力處理好普選行政長官的辦法；由於2012年立法會產生辦法已作較大變動，普遍認同就2016年立法會產生辦法毋須對基本法附件二作修改。常委會組成人員審議認為，2012年香港特別行政區第五屆立法會產生辦法經過修改後已經向擴大民主的方向邁出了重大步伐，香港基本法附件二規定的現行立法會產生辦法和表決程序不作修改，即2016年第六屆立法會產生辦法和表決程序繼續適用現行規定，符合循序漸進地發展適合香港實際情況的民主制度的原則，符合香港社會的多數意見，也有利於社會各界集中精力優先處理行政長官普選問題，並為在行政長官實行普選後實現立法會全部議員由普選產生的目標創造條件。根據常委會組成人員的審議意見和各方面的意見，草案第五條規定："香港基本法附件二關於立法會產生辦法和表決程序的現行規定不作修改，2016年香港特別行政區第六屆立法會產生辦法和表決程序，繼續適用第五屆立法會產生辦法和法案、議案表決程序。"為了體現中央堅定不移地發展香港民主制度的一貫立場，推動實現立法會全部議員由普選產生的目標，該條還規定："在行政長官由普選產生以後，香港特別行政區立法會的選舉可以實行全部議

員由普選產生的辦法。在立法會實行普選前的適當時候，由普選產生的行政長官按照香港基本法的有關規定和《全國人民代表大會常務委員會關於〈中華人民共和國香港特別行政區基本法〉附件一第七條和附件二第三條的解釋》，就立法會產生辦法的修改問題向全國人民代表大會常務委員會提出報告，由全國人民代表大會常務委員會確定。"

《全國人民代表大會常務委員會關於香港特別行政區行政長官普選問題和2016年立法會產生辦法的決定（草案）》和以上說明是否妥當，請審議。

看得喜 放不低

創出喜閱新思維

書名	公務員入職　基本法測試熱門試題工
ISBN	978-988-78091-6-6
定價	HK$88 / NT$280
出版日期	2018年4月
作者	Fong Sir
責任編輯	投考公務員系列編輯部
版面設計	Joker
出版	文化會社有限公司
電郵	editor@culturecross.com
網址	www.culturecross.com
發行	香港聯合書刊物流有限公司
	地址：香港新界大埔汀麗路36號中華商務印刷大廈3樓
	電話：（852）2150 2100
	傳真：（852）2407 3062
台灣總經銷：	貿騰發賣股份有限公司
	電話：（02）822 75988